广州动物园 ◎ 组编

陈 武　李梅荣　白亚丽 ◎ 主编

长臂猿

饲养管理指南

中国农业出版社

北 京

图书在版编目（CIP）数据

长臂猿饲养管理指南 / 广州动物园组编；陈武，李梅荣，白亚丽主编. —北京：中国农业出版社，2023.6
ISBN 978-7-109-30846-6

Ⅰ.①长… Ⅱ.①广… ②陈… ③李… ④白… Ⅲ.①长臂猿－饲养管理－指南 Ⅳ.①S865.3-62

中国国家版本馆 CIP 数据核字（2023）第 118475 号

长臂猿饲养管理指南
CHANGBIYUAN SIYANG GUANLI ZHINAN

中国农业出版社出版
地址：北京市朝阳区麦子店街 18 号楼
邮编：100125
责任编辑：王淼鹤
版式设计：杨 婧 责任校对：周丽芳
印刷：北京中兴印刷有限公司
版次：2023 年 6 月第 1 版
印次：2023 年 6 月北京第 1 次印刷
发行：新华书店北京发行所
开本：720mm×960mm 1/16
印张：10.5 插页：4
字数：195 千字
定价：68.00 元

本书由广州动物园组织编写，广东省重点领域研发计划项目 2022B1111040001（Guangdong Provincial Key R&D Program，No. 2022B1111040001）资助出版。

编 写 信 息

组编单位： 广州动物园

编写单位： 南京市红山森林动物园　　广州动物园

南宁市动物园　　　　　　上海动物园

北京动物园　　　　　　　昆明动物园

中山大学　　　　　　　　杭州动物园

天津市动物园　　　　　　上海野生动物园发展有限责任公司

太原动物园　　　　　　　华南农业大学

长沙生态动物园　　　　　大理大学

科学顾问： 范朋飞（中山大学）

张成林（北京动物园）

沈志军（南京市红山森林动物园）

陈月妃（南宁市动物园）

主　　编： 陈　武　李梅荣　白亚丽

编　　者： 李梅荣　傅兆水　白亚丽　程家球　赵玲玲　卜海侠

陈　蓉　刘媛媛　徐晓娟（南京市红山森林动物园）

陈　武　单　芬　杜雪晴　林敏仪　周　妞　吕梦娜

李婉萍（广州动物园）

王　松　邓加奖　胡凤霞　黄翠红（南宁市动物园）

王志永（石家庄市动物园）

朱迎娣　桂剑锋　王　颖　贾　佳（上海动物园）

刘学峰　贾　婷　牛文会　张轶卓（北京动物园）

杨玉钊　李云乔　潘　阳（昆明动物园）

江　志　楼　毅　汪丽芬（杭州动物园）

徐春忠（上海野生动物园发展有限责任公司）

崔媛媛　雷　钧　张　卓（太原动物园）

沈永义　沈雪娟（华南农业大学）

于泽英（中国动物园协会）

马　驰（大理大学）

张　强　黄会文（长沙生态动物园）

朱碧梧　张　艳（苏州市动物园）

韩　宁（长春外国语学院）

打越万喜子（日本京都大学）

前　言

　　长臂猿是仅分布于东亚和南亚的一种猿类，也是中国仅有的现存类人猿，与猩猩、大猩猩、黑猩猩一起称为四大类人猿。曾几何时，在长江两岸均可听到长臂猿的鸣唱，其活动踪迹遍布我国南部甚至西北地区。然而，随着气候的变化、栖息地的破坏，长江两岸已难见长臂猿的影踪，聆听猿声似乎已成远古的记忆。我国国内现存6种野生长臂猿，全部被列入极度濒危等级，比大熊猫还要濒危。其中，北白颊长臂猿、白掌长臂猿在我国野外已功能性灭绝，现存于我国动物园系统的北白颊长臂猿和白掌长臂猿种群是野外种群恢复的最后希望。

　　2019年，笔者作为中国动物园协会北白颊长臂猿、白掌长臂猿以及南黄颊长臂猿种群管理组成员，有机会对国内保育的不同种类长臂猿种群进行了解。我国圈养北白颊长臂猿的种群规模不足50只，圈养种群的奠基者不超过10对，平均每年的繁殖数量不超过5只，部分长臂猿没有配对和繁育后代，如不及时对种群进行科学的管理，这一种群随时可能面临灭绝的风险。因此，同年在中国动物园协会的组织下，《北白颊长臂猿种群管理规划》正式颁布，各会员单位按照约定开始执行相关的管理措施，这为北白颊长臂猿种群的科学发展指明了前进的方向。

　　自20世纪80年代以来，许多国内外科学家先后来到无量山、高黎贡山等山区进行长期的长臂猿科学考察和研究，同时中国动物园协会的会员单位也进行着长臂猿饲养管理和疫病防控等方面的探索。在近30年的艰苦研究历程中，科学家和保育工作者们克服了无数难以想象的困难，终于掀开了长臂猿王国神秘面纱的一角，与人类相伴生活数百万年之久的"至亲"总算进入"懂你"进程。

长臂猿的研究虽然积累了一定的成果，但总体而言，技术资料相对零散，缺乏系统的总结和分析。国内圈养长臂猿的保育更多依靠经验的积累，造成潜在的奠基者未能留下后代，种群的遗传多样性受到严重的挑战，动物的福利有待进一步提升，种群规划目标的实现也需要可靠的技术引领和支撑。在此情况下，编写一本介绍长臂猿生物学特性、指导长臂猿饲养管理和操作的参考书籍显得十分迫切。本书正是在这些背景下，由广州动物园组织国内长期从事长臂猿科研和保育的工作者编写而成。

本书共分两部分，第一部分为长臂猿的生物学资料及研究进展，介绍长臂猿分类学、形态学、行为学等方面的研究概况和进展，同时介绍长臂猿的社会结构、地理分布和保护历史、食谱与觅食行为、繁殖参数以及病毒流行病学等内容。这些知识大多来自野外的研究，有利于科研和保育工作者了解长臂猿对环境的选择、影响长臂猿生存和繁殖的关键因素，为开展长臂猿种群的保护和管理工作提供基本思路。第二部分为长臂猿的动物园管理，包括动物笼舍的设置、食谱与日粮设计、社会群体规划、繁殖群体护理、丰容管理、日常操作、健康保障、行为训练、科学研究建议等内容，为圈养长臂猿种群的保育与管理提供具体的技术资料和操作方案。陈武、范朋飞、李梅荣、崔媛媛、沈永义等负责第一部分内容的撰写；沈志军、白亚丽、程家球、赵玲玲、卜海侠、陈蓉、刘媛媛、徐晓娟、陈武、单芬、杜雪晴、周妞、林敏仪、吕梦娜、王松、邓加奖、胡凤霞、黄翠红、王志永、朱迎娣、桂剑锋、王颖、贾佳、张轶卓、刘学峰、贾婷、牛文会、杨玉钊、李云乔、潘阳、江志、楼毅、汪丽芬、徐春忠、崔媛媛、雷钧、张卓、沈雪娟、马驰、傅兆水、张强、黄会文、朱碧梧、张艳参与第二部分内容的编写（排名不分先后）；范朋飞、陈月妃、打越万喜子（日本京都大学）、韩宁（长春光华学院外国语学院）、赵超（大理白族自治州云山生物多样性保护与研究中心，简称"云山保护"）、于泽英等提供相关的资料；马长勇（广西师范大学）、阎璐（云山保护）、程家球、李梅荣等分别提供长臂猿种类、丰容、行为训练和人工育幼的图片。此外，中国动物园协会组织专家对本书提出了很好的修改建议。

我们特别感谢中国动物园协会各成员单位近20年的支持与贡献，最终促成该书的出版；也感谢中国动物园协会物种管理委员会的领导和同仁的关怀与支持，特别是灵长类动物物种顾问组（TAG），他们提供了许多信息，且这些信息在该书中均有表述；特别感谢北京动物园张成林先生、南京市红山森林动物园沈志军先生的支持，以及中山大学范朋飞教授团队所提供的长臂猿野外研究方面的信息。最后，感谢所有对本书的撰写和出版给予帮助的同仁和友人。

我们希望公众和长臂猿保护工作者通过阅读此书，了解长臂猿的社群，学习和掌握长臂猿保育和研究的关键技术，领悟生态文明建设的意义所在，从而自觉保护和珍爱长臂猿这一珍稀物种。也只有这样，长臂猿才有可能逐渐被人们认知，天籁之音才不会成为绝唱。

本书虽然经过多次修改，但难免存在不妥和错误之处，敬请读者批评指正。

目 录

前言

● 第一部分
长臂猿的生物学资料及研究进展

一、长臂猿的自然历史

长臂猿属于类人猿，又称小猿。根据 Geissman（2020）的报道，长臂猿共有 20 种，均分布于东南亚区域。长臂猿的运动姿势与人类比较有一定的相似度（图 1-1）；与大猿具有一些相同的特征（图 1-2），大脑发达、面部平坦、下腭较短、可直立（图 1-3）、脸颊较宽、无尾、臀部的坐骨胼胝体有皮革样的斑块。

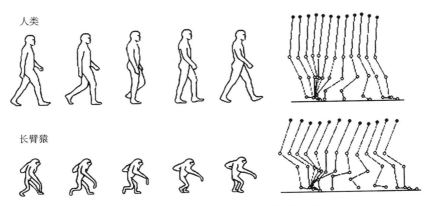

图 1-1 人类和长臂猿的运动姿势比较

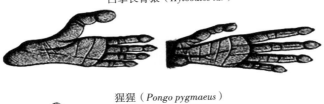

白掌长臂猿（*Hylobates lar*）

猩猩（*Pongo pygmaeus*）

大猩猩（*Gorilla gorilla*）

黑猩猩（*Pan troglodytes*）

图1-2　长臂猿与大猿脚掌（左）和手掌（右）比较

图1-3　直立行走的长臂猿

（赵超/云山保护供图）

　　长臂猿是白天活动的树栖动物，其个体小，体重轻，手臂很长，身体纤细。除合趾猿外，长臂猿的手都非常相似，有4根很长的手指和1根短的对生拇指，可以用手和脚抓取和携带物品。长臂猿通过双臂摆动穿梭于树林间（图1-4），当在树枝和地上行走或跳跃时，会将双臂举过头顶（Roonwal和Mohnot，1977）。长臂猿利用4根手指进行摆荡，不利用大拇指。

　　长臂猿在白天结群和活动，整个生命周期都是一夫一妻或一夫两妻（个别种类也存在一妻两夫）。所有新出生的长臂猿幼仔都会生活在家庭群体中直到成年。

　　长臂猿的领地意识非常强烈，会通过一系列的叫喊、肢体动作等维持和保

图 1-4 长臂猿在树枝上的摆动姿势

护领地，并使用一套复杂的呼叫系统来追踪领地内的家庭成员。长臂猿的嗓门很大，鸣叫的声音可以传播到上千米以外的地方，这是因为它们有一个能放大声音的喉囊。每天早上醒来后，在成年雌性带领下，会进行长达半小时的鸣叫。雌性和雄性的鸣叫声音不同，雄性的鸣叫主要是颤抖的吼叫，雌性的鸣叫可以在高潮阶段持续 18s。鸣叫是长臂猿择偶的主要方式，可加强配偶之间的联系，一般雌性会首先开始。在进行友好的问候时，长臂猿嘴角会向后拉，露出牙齿，舌头有时也会伸出来；愤怒时，其嘴巴反复地张闭，咂嘴，咬牙切齿。长臂猿的咆哮被理解为有攻击意图。长臂猿似乎天生会"唱歌"，这可能是因为野生长臂猿一直生活在家庭里直至成年迁出，给它们提供了很好的学习机会。

长臂猿反应敏捷，移动速度很快，每天移动的距离比森林里的其他猿类和猴类都远。当长臂猿在树枝和绳索上行走时，会将双臂打开保持平衡，看起来像走钢丝，手臂运动占其运动的 90%。长臂猿单次跳跃的距离可以达到 9m，但它们不会游泳，所以会主动远离水。长臂猿坐着睡觉，手放在弯曲的膝盖上，头埋在膝盖和胸部之间。

抚摸是长臂猿的重要社会行为模式，当个体间发生抚摸行为时，它们的关系将会加强。

二、长臂猿的分类

尽管研究人员分别依据形态学、解剖学、染色体核型、分子生物学和鸣叫等特征对长臂猿科的分类进行过大量研究，但是其分类系统仍然存在着很大的争议，成为灵长类分类学研究的一个热点。

根据染色体数目的差异，过去一般将现生长臂猿科（Hylobatidae）分为 1 个属（*Hylobates*），4 个亚属（染色体数目分别是：*Nomascus* 为 52 条，*Symphalangus* 为 50 条，*Hylobates* 为 44 条，*Hoolock* 为 38 条）。

对于冠长臂猿属的分类，学术界一直存在争议（范朋飞，2012）。冠长臂猿属曾经只有一个物种 *Hylobates concolor*，因其雄性身体主要呈黑色而被统称为黑长臂猿，包括 3 个亚种：指名亚种（*H. c. concolor*）、白颊亚种（*H. c. lencogenys*）、黄颊亚种（*H. c. gabriellae*）。Delacour（1933）在进一步研究的基础上，描述了越中亚种（或称南白颊亚种：*H. c. siki*）。马世来和王应祥（1986）基于白颊长臂猿（*H. leucogenys*）的颊部毛色浅（纯白、黄白或粉红色）、上犬齿长而尖锐且缺乏齿沟、白齿大小顺序不同、阴茎骨细长而端部稍弯曲且常分两叶等形态特征，以及 *leucogenys* 和 *concolor* 有同域分布的现象，而将其分为 2 个独立种。此后，Groves 和 Wang（1990）根据阴茎骨、毛被、齿形、臂比指数和染色体形态等特征，认为南黄颊长臂猿（*H. gabriellae*）也应是独立种，并将 *siki* 作为 *gabriellae* 的一个亚种。Geissmann（1995）则根据 *concolor*、*leucogenys*、*gabriellae* 的毛色和叫声的显著差异，进一步论证了此 3 个种的种级地位，但认为 *siki* 是 *leucogenys* 的一个亚种。张亚平（1997）对长臂猿线粒体细胞色素 b（*Cytb*）基因的序列进行了分析，并建议将 *Nomascus* 亚属分成 4 个独立种：*H. concolor*、*H. leucogenys*、*H. siki* 和 *H. gabriellae*。Brandon-Jones 等（2004）仍然将 *siki* 作为 *leucogenys* 的一个亚种。Thin 等（2010a）描述了冠长臂猿的一个新物种 *Nomascus annamensis*。Thin 等（2010b，2010c）分别从分子生物学和鸣叫特征、Mootnick 和 Fan（2011）从形态学等方面对冠长臂猿属的分类地位进行了研究，认为 *H. leucogenys*、*H. siki* 和 *H. gabriellae* 是 3 个独立物种，对应的中文名分别是北白颊长臂猿、南白颊长臂猿和南黄颊长臂猿。北黄颊长臂猿的形态特征与南黄颊长臂猿难以区分，因此其分类地位有待进一步确认。

然而，最新的分子生物学证据显示长臂猿 4 个亚属之间的分化时间甚至早于黑猩猩和人类之间的分化时间，因此原 *Hylobates* 属的 4 个亚属分别被提升到了属级的地位，即长臂猿属（*Hylobates*）、白眉长臂猿属（*Hoolock*）、冠长臂猿属（*Nomascus*）和合趾猿属（*Symphalangus*）（Roos 和 Geissmann，2001）。这一分类观点目前已经得到广泛的认可。

目前，已知的长臂猿物种有 20 种，包括新命名的天行长臂猿（*Hoolock tianxing*）（Fan 等，2017），是所有猿类中种类最多的。长臂猿分为 4 个属，主要是通过染色体核型的差异来区分（Cunningham，2009）。

我国境内分布的长臂猿有 6 个种，分别是西黑冠长臂猿（*Nomascus concolor*）、东黑冠长臂猿（*Nomascus nasutus*）、海南长臂猿（*Nomascus hainanus*）、天行长臂猿（*Hoolock tianxing*）、白掌长臂猿（*Hylobates lar*）、北白颊长臂猿（*Nomascus leucogenys*），野外仍有分布的是前四种长臂猿。2022年，北白颊长臂猿和白掌长臂猿在野外功能性灭绝。

现将我国动物园可能保育的长臂猿种类介绍如下。

（一）白眉长臂猿属

白眉长臂猿属（*Hoolock*）现有种类包括西白眉长臂猿、东白眉长臂猿及天行长臂猿。

1. 西白眉长臂猿

西白眉长臂猿（*Hoolock hoolock*）主要分布于印度、缅甸、孟加拉国，世界自然保护联盟（IUCN）将其列为濒危级别，因眼部上方有两道白眉而得名（图1-5、彩图1）。西白眉长臂猿雌雄异色，雄性体毛呈黑褐色或暗褐色，白色眉毛不能截然分开，中间有白色毛发相连，下腭和"眼袋"处有稀少的白毛；雌性大部分毛发为灰白或灰黄色，四肢颜色与体色相近，胸

图1-5 成年雄性西白眉长臂猿

部毛发较深，面部及眼下方有一圈白毛。与冠长臂猿属不同，西白眉长臂猿头顶的毛较长，披向后方，故头顶扁平，无直立向上的簇状冠毛。

2. 东白眉长臂猿

东白眉长臂猿（*Hoolock leuconedys*）主要分布于印度、缅甸，IUCN将其列为易危级别。东白眉长臂猿与西白眉长臂猿的外形、毛色都颇相似，但东白眉长臂猿的两道眉毛明显分开，成年雄性胸部有呈浅银色的斑块（图1-6、彩图2），下腭和雌性眼部下方的白毛更为明显，雌性手部的颜色较体毛也更淡。

图1-6 成年东白眉长臂猿

（谭明志供图）

3. 天行长臂猿

天行长臂猿（*Hoolock tianxing*）主要分布于中国、缅甸，在缅甸的保护级别不明，中国境内分布不足 200 只。天行长臂猿虽然也有标志性的白眉毛，但没有东白眉长臂猿那么厚重。雄性天行长臂猿的下颌上没有和眉色配套的白胡子（图 1-7、彩图 3），阴毛也非白色；而雌性天行长臂猿的白眉毛也不像东白眉长臂猿的那么浓密。天行长臂猿主要是一夫一妻的家庭结构。

（二）长臂猿属

长臂猿属（*Hylobates*）现有种类包括敏长臂猿、白掌长臂猿、银长臂猿和戴帽长臂猿。

1. 敏长臂猿

敏长臂猿（*Hylobates agilis*）主要分布于泰国、马来西亚、印度尼西亚，马来西亚是其主要分布地，IUCN 将其列为濒危等级。敏长臂猿也称黑掌长臂猿，其四肢的颜色较体毛略深或同色。雌雄个体同色，但体毛颜色多样，既有黑色、褐色、棕红色，也有银灰、淡褐色、淡黄色。雌雄个体都有白眉，但雄性除白眉外，脸颊周围还有白色鬃毛（图 1-8、彩图 4）。

2. 白掌长臂猿

白掌长臂猿（*Hylobates lar*）主要分布于中国、老挝、缅甸、泰国、马来西亚、印度尼西亚，泰国是其主要分布地，中国野外估计已灭绝，IUCN 将其列为濒危级别。白掌长臂猿有 5 个亚种，以体毛色泽的变化为划分依据。因其手、足为白色或淡白色，故称白掌长臂猿。两性均有暗（棕色到黑色）、淡（奶白色到棕黄色）两种色型，色型与性别、年龄无关，是随着分布地的不同而呈现差异。所有白掌长臂猿的面部边缘经面颊到下颌有一圈白

图 1-7　成年雄性天行长臂猿
（费汉榄/西华师范大学供图）

图 1-8　成年雄性敏长臂猿

毛形成的圆环，把脸部勾勒得十分醒目（图 1-9、彩图 5）。部分白掌长臂猿的家庭结构中有长期的一妻二夫现象。

图 1-9　成年雄性白掌长臂猿

（南京市红山森林动物园供图）

3. 银长臂猿

银长臂猿（*Hylobates moloch*）又称爪哇长臂猿，分布于印度尼西亚，目前数量不足 5 000 只且仅分布于爪哇岛，IUCN 将其列为濒危级别。其体毛浓密，躯体为均匀的银灰色，顶冠部位呈深灰色，眼眉和脸颊周边形成一个白环状的圈，清晰的勾勒出黑色无毛的脸庞（图 1-10、彩图 6）。银长臂猿的牙齿较其他长臂猿物种明显更大，两性之间无论体型大小或毛色都没有明显差异。银长臂猿是长臂猿中除克氏长臂猿外，另一种不发生"二重唱"的长臂猿。

图 1-10　雄性银长臂猿

（打越万喜子/京都大学供图）

4. 戴帽长臂猿

戴帽长臂猿（*Hylobates pileatus*）主要分布于老挝、泰国、越南、柬埔寨，雌雄两性头顶都有区别于头部毛发的似圆簇冠，故得名戴帽长臂猿。雌雄个体毛色差异显著，成年雄性几乎全身为黑色，面部有一圈白色毛发（也可能只有白色眉带，或面部两侧有延伸到太阳穴的灰色毛发带）（图 1-11、彩图 7），手脚掌也为白色。成年雌性体

图 1-11　成年雄性戴帽长臂猿

毛为银灰色或米黄色，从头顶到腹股沟腹面有一个倒三角形的大型黑色斑块，面部有一圈白色毛发。

（三）冠长臂猿属

我国保育的冠长臂猿属（*Nomascus*）种类有北白颊长臂猿、南白颊长臂猿、南黄颊长臂猿、东黑冠长臂猿、西黑冠长臂猿和海南长臂猿。

1. 北白颊长臂猿

北白颊长臂猿主要分布于老挝境内，仅有少量种群分布于我国云南南部和越南北部，全球种群数量不详，IUCN 将其列为极度濒危物种，是我国一级重点保护动物。北白颊长臂猿（*Nomascus leulogenys*）雄性体毛呈黑色，具有明显的冠毛，两颊具有对比明显的白色长毛；白颊往上可以延伸到耳朵，并在下巴互相连接；嘴唇部分通常有少量白毛（图 1-20，Mootnick 和 Fan，2011）。成年雄性具有直径 3～4cm 的喉囊，亚成年雄性在学习鸣叫时喉囊不能完全膨胀。幼猿出生时身体呈浅白或浅黄色，雄猿 6 个月左右开始逐渐变成黑色，通常在 18 个月左右完全变成黑色并具有白颊（Mootnick，2006）。据观察，新生雄性幼猿具有"朋克"发型

图 1-12　新生雄性北白颊长臂猿，可见明显的"朋克"发型

（G. Skollar 供图）

（图 1-12），而雌性不具有这一特征，但该特征是否具有普遍性还需要进一

步核实。成年雌性身体主要呈黄色，具有明显的黑色冠斑，眼周和口鼻部具有大量白毛，形成一个明显的白色脸圈（图 1-13、彩图 8）。

2. 南白颊长臂猿

南白颊长臂猿（*Nomascus siki*）主要分布于老挝、越南，IUCN 将其列为濒危级别。南白颊长臂猿外形与北白颊长臂猿相似，因此也一度被认为是北白颊长臂猿的一个亚种，但其脸颊两侧的白毛只延伸到耳朵下方一半不到，末端呈尖状，并且整个下巴都被白毛包围（图 1-14、彩图 9）。南白颊长臂猿毛短，不似北白颊长臂猿的白须如刷子般向脸外伸展。南白颊长臂猿雌性与北白颊长臂猿雌性外形十分相似，体毛也呈淡黄色或橘黄色，头顶有暗褐色冠斑且呈多角形，面部有一圈白毛，不易区分。

3. 南黄颊长臂猿

南黄颊长臂猿（*Nomascus gabriel-lae*）主要分布于老挝、越南、柬埔寨，IUCN 将其列为濒危级别。南黄颊长臂猿雄性与北黄颊长臂猿外形很相似，但南黄颊长臂猿雄性颊部的黄色毛发中间不相连（图 1-15、彩图 10），而北黄颊长臂猿该部位的毛发几乎连接在一起；胸部有部分毛发呈铁锈红，两颊毛发为黄色或橘黄色。雌性头部有形状深浅不一的褐色冠斑，胸前有颜色较深的斑块，

图 1-13 成年雌性北白颊长臂猿，头顶具有黑色冠斑，白毛环绕眼部和口鼻部形成白色脸圈，白毛在嘴角和鼻子两侧明显增多（范朋飞/中山大学供图）

图 1-14 雄性南白颊长臂猿（长沙生态动物园供图）

与同属的其他种相似，雌性一生也经历 3 个显著的变色阶段。

4. 西黑冠长臂猿

西黑冠长臂猿（*Nomascus concolor*）主要分布于中国、老挝、越南，数量不超过 1 400 只，IUCN 将其列为极危级别。西黑冠长臂猿有 4 个亚种。其

雌雄异色，被毛短而厚密。幼猿刚出生时体毛均为淡黄色，在1岁左右逐渐变成黑色，雄性一直保持黑色至成年，而雌性性成熟时大部分体毛由黑色逐渐变成灰黄、棕黄或橙黄色（仅头顶、胸腹部遗留黑色）。成年雄性头顶有短而直立的冠状簇毛（图1-16、彩图11）；成年雌性头顶有棱形或多角形黑褐色冠斑，随着年龄的增长，雌性胸腹的黑褐色毛发逐渐增多。西黑冠长臂猿除典型的一夫一妻家庭结构外，还存在一夫二妻的现象。

图1-15　成年南黄颊长臂猿　　　　图1-16　雄性西黑冠长臂猿
（白亚妹/南宁市动物园供图）　　　　（赵超/云山保护供图）

5. 东黑冠长臂猿

东黑冠长臂猿（*Nomascus nasutus*）分布于中国、越南，数量有100多只，IUCN将其列为极危级别。雌雄异色（图1-17、彩图12）。雄性全身为黑色，胸部有部分浅褐色毛发，头顶冠毛不长；雌性体背呈灰黄、棕黄或橙黄色，脸周有白色长毛，头顶冠斑面积较大，通常能超过肩部，达到背部中央，胸部有部分浅褐色毛发。不同于冠长臂猿属的其他物种，东黑冠长臂猿雌性在接近成年前才完成被毛的变色。东黑冠长臂猿也存在一夫二妻的家庭结构。

6. 海南长臂猿

海南长臂猿（*Nomascus hainanus*）仅分布于中国海南岛，数量不足30只，IUCN将其列为极危级别。雌雄异色。雄性通体黑色，体型比母猿略小，头顶有短而直立的冠状簇毛，如怒发冲冠；雌性全身金黄，体背为灰黄、棕黄或橙黄色，头顶有棱形或多角形黑色的冠斑，似戴了顶小黑帽（图1-18、彩图13）。海南长臂猿一生中体毛要变换几次颜色，刚出生时为金黄色，6个月开始变成黑色，到6～7岁性成熟时毛色才渐分雌雄；雌猿经过1年多的时间体毛变成金黄色，而雄猿体毛依旧是黑色。

图 1-17 东黑冠长臂猿
（赵超/云山保护供图）

图 1-18 雄性海南长臂猿
（赵超/云山保护供图）

（四）合趾猿

合趾猿（*Symphalangus syndacty-lus*）是体型最大的长臂猿，体长为70～90cm，最长可达100cm，双臂展开达180cm，体重为10～16kg；体毛长软蓬松，均为黑色，面部裸露，嘴的附近略有一些白毛，眼眉为红棕色；耳朵较小，鼻子扁平，鼻孔较大。雄猿的头部有一撮直立的毛，还有明显的黑色阴茎毛簇，毛的长度达15cm左右。合趾猿区别于其他猿类的明显特征有两个：一是喉部的声囊裸露，又圆又大，呈灰色或粉红色，鸣叫的时候像皮球一样鼓起（图1-19、彩图

图 1-19 合趾猿
（南京市红山森林动物园供图）

14）；二是第二、三趾之间呈蹼状，使这两个足趾永久性地连接在一起，甚至连接至末端的关节。

合趾猿主要栖息于苏门答腊岛和马来半岛的初级和次级热带雨林，生活的海拔在305～1 220m。其活动地区拥有丰富的无花果树，成为合趾猿主要的

食物来源之一。合趾猿栖息于森林的树冠层，在树冠的上方休息和睡眠，于白天活动，黄昏前1～2h停止活动。善于利用双臂交替摆动，手指弯曲呈钩状，轻握树枝将身体抛出，腾空悠荡前进，一跃超过10m，速度极快，能在空中单手抓住飞鸟。其在地面或藤蔓上行走时，双臂上举以保持平衡；在树上跳跃时，双臂张开，成"十"字形。

三、冠长臂猿属近缘种的鉴定

国内动物园中常见的冠属长臂猿有南白颊长臂猿、北白颊长臂猿和南黄颊长臂猿，这几个物种形态特征相似，鉴定困难。本文将其主要区别列举如下：

（1）雄性北白颊长臂猿的白颊延伸至耳朵；而雄性南白颊长臂猿的白颊通常只能延伸到眼角或者耳朵下缘（图1-20、图1-21）；雄性南黄颊长臂猿的颊毛只能延伸到眼眶下缘并且颊毛外翻（图1-22）。

图1-20　成年雄性北白颊长臂猿，具有明显直立的冠毛和白颊，颊毛延伸至耳朵（范朋飞供图）

图1-21　雄性南白颊长臂猿，具有明显直立的冠毛，白颊仅延伸到眼角或耳朵下缘，嘴角有大量白毛

（2）雄性北白颊长臂猿和雄性南白颊长臂猿的颊毛主要呈白色；而雄性南黄颊长臂猿的颊毛主要呈黄色。

图 1-22　雄性南黄颊长臂猿，具有明显直立的冠毛，黄色的颊毛
仅延伸到眼角，颊毛明显向外翻，嘴角有白毛
（白亚妹/南宁市动物园供图）

（3）雄性北白颊长臂猿嘴角仅有少量白毛；而雄性南白颊长臂和雄性南黄颊长臂猿嘴角具有大量白毛。

（4）雌性北白颊长臂猿具有白色脸圈，但两眼之间没有白毛；雌性南白颊长臂猿眼眶之间具有大量白毛环绕双眼（图 1-23、彩图 15）；雌性南黄颊长臂猿具有明显外翻的颊毛（图 1-24、彩图 16）。

图 1-23　雌性南白颊长臂猿，
头顶具有明显的黑色
冠斑，眼周及眼眶之
间具有大量白毛
（P. Moisson 供图）

图 1-24　雌性南黄颊长臂猿，具有明显
外翻的颊毛，眼周白毛较少
（白亚妹/南宁市动物园供图）

以上特征总结于少量野生个体和圈养纯种个体的观察结果。但我国动物园中的杂交个体可能同时具有上述特征而导致仅仅依靠形态无法鉴别，需要通过采集粪便和血液进行分子生物学研究，以实现物种鉴定。

四、长臂猿的繁殖状况

首次生殖年龄、繁育间隔（IBI）、新生儿性别比和婴儿死亡率等指标，对于评估长臂猿的种群动态和生存现状至关重要。

由于缺乏长期的野外观察，野生长臂猿的繁殖参数不详，但估计该物种的繁殖行为与其近缘物种类似。以西黑冠长臂猿为例，雌性8岁左右性成熟，毛色开始转变为黄色；雄性10岁左右性成熟，开始发出雄性特有的鸣叫。西黑冠长臂猿性成熟后即可妊娠产子，野外的繁殖记录最早为9岁，笼养条件下首次繁殖年龄可以略有提前。西黑冠长臂猿每胎产一子，孕期约7个月，繁殖间隔3～5年（Hu等，2018），笼养情况下繁殖间隔可以明显缩短。

范鹏来等（2020）对我国19个动物园的北白颊长臂猿和黄颊长臂猿的繁殖参数进行研究。根据繁殖记录，2000—2019年，14只雌性北白颊长臂猿共繁殖了46只婴儿；1995—2018年，29只雌性黄颊长臂猿共繁殖了89只婴儿。北白颊长臂猿首次繁殖的平均年龄为（10.1±2.4）岁，黄颊长臂猿首次繁殖的平均年龄为（10.0±3.1）岁。北白颊长臂猿的平均IBI（繁殖间隔）为（32.8±11.7）个月，南黄颊长臂猿为（27.2±14.8）个月。在北白颊长臂猿中，胎次对IBI没有显著影响，但与南黄颊长臂猿的多产母亲相比，初产母亲的IBI显著更长。两个物种的初产母亲和多产母亲的婴儿死亡率没有显著差异。这两个物种新生幼猿的性别比例没有变化，均为1∶1。北白颊长臂猿和黄颊长臂猿的婴儿死亡率分别为13％和12％。婴儿死亡使北白颊长臂猿的IBI减少了19个月，而南黄颊长臂猿的IBI减少了10个月。研究数据表明，长臂猿的固有繁殖率非常低，如果没有适当的保护干预，种群规模可能会继续降低。

国外将7只已知年龄的圈养长臂猿作为案例进行研究，结果表明，圈养雄性白颊长臂猿和合趾猿可分别在4岁和4.3岁进行繁殖。类似地，杂交雌性（$H. lar \times H. moloch$）和合趾猿雌性分别可以在5.1岁和5.2岁繁殖。这一发现可能有助于提高圈养长臂猿种群的繁殖成功率。但这一发现的样本数过少，与长臂猿中国物种保护项目（CCP）工作组记录的数据差别很大，目前尚不清楚野生个体达到性成熟的年龄是否也在5岁或更大的年龄。

五、野生长臂猿的食性与觅食生态

长臂猿是树栖动物，在森林树冠层的上层生活和觅食。当长臂猿以小的枝叶末端为食时，会采用各种坐姿及悬吊式进食的姿势。当长臂猿迁徙时，可以通过双臂交叉摆荡穿过树冠，迁徙路线反映了其对领地及食物来源的具体认知。

长臂猿50%～70%的采食时间用于进食果实，包括无花果（*Ficus* spp.）（Raemaekers，1979；Gittins，1982；Chivers，1984；Srikosamatara，1984；Ungar，1995；Palombit，1997；McConkey 等，2002；Bartlett，2009）。长臂猿的食谱以成熟的果实为主，也消耗较少比例的树叶、嫩枝、花和昆虫。其果实来源从藤本植物、林下乔木到食物丰饶的大树冠乔木，大小不一。

长臂猿的平均家域范围是40hm²，其中领地约占80%（Bartlett，2007）。如果可获取的食物量下降，长臂猿可以通过增加白天的活动范围、觅食时间或扩大领地面积来适应。长臂猿是重要的种子传播者，它们在森林更替中发挥着重要作用，是健康森林生态系统的重要组成部分（Bach，2018）。

Twitchell-Heyne（2016）在有关过去50年来34项野生长臂猿摄食生态学研究的文献综述中发现，4个属的长臂猿之间存在显著差异。根据其论文介绍，长臂猿平均用24%和36%的采食时间采食无花果和其他非无花果类（占总果实量的60%），其次是用28%的采食时间采食叶、6%的采食时间采食花和6%的采食时间捕食昆虫。4个属的长臂猿在生境上也存在显著差异，包括年降水量、纬度、海拔、领地和森林面积，这些反映在它们的食物组成、果实和叶片的采食量以及植物类食物的多样性上。冠长臂猿属采食叶片的时间最多，占总采食时间的44%；其次是合趾猿属，占31%。白眉长臂猿属和冠长臂猿属共同具有最极端的生境，海拔和纬度最高，降水量最少，食物组成的碎片化程度和变动性最大（Guan 等，2017）。

如果偏嗜的食物变得越来越稀少，长臂猿会改变它们的饮食习惯，摄食更多低质量的食物，如植物叶片，这些植物通常被称为"备用食物"。一些物种能够通过增加对基础食物的采食来维持高比例的果实摄入量（Gilbert，1980）。基础植物资源是一类特殊的"备用食物"，Terborgh（1986）将其定义为任何可靠的食物，在"维持食果动物度过一般性食物短缺期"中发挥重要作用。长臂猿通常将无花果作为备用食物（Clink，2017）。

长臂猿的食物会随着季节的变化而变化。在旱季（11月至翌年4月），可食用的果实较少，许多种类的长臂猿通过增加叶片采食量和减少果实量来适应这种变化。它们的活动也会发生变化：与雨季（5—10 月）相比，在旱季，长臂猿用在进食上的时间更多，而用在其他活动上的时间则更少。水果的采食量通常在雨季达到高峰（Frechette，2017）。

长臂猿的栖息地也在逐年变化。通常情况下，树木不会连续两年硕果累累。长臂猿必须了解自己的栖息地，知道哪里有它们喜欢的和不太喜欢的果实。随着森林季节性和年度性的变化，长臂猿的"菜单"似乎每年都在更新（Suwanvecho，2017）。

随着森林变得支离破碎，以及用在觅食和采食上的时间逐渐延长，长臂猿对叶片的采食量也在增加。例如，西白眉长臂猿在不同月份的总采食时间里，果实的采食量占总采食量的比例从 34％增加到 71％。1 月，它们的采食量中 63％为植物叶片，而果实仅占 37％（Borah，2017）。

叶是老挝的北白颊长臂猿全年的主要食物（占每月食物的 53％～85％），但当森林中果实非常丰富时，长臂猿就会增加它们对果实的采食量（Ruppell，2013）。

在苏门答腊岛和马来西亚，体型较小的长臂猿和合趾猿共存的栖息地中，体型较大的合趾猿比体型小的长臂猿更依赖嫩叶，后者则会吃更多的果实（1997，Palombit）。与体型较小的长臂猿物种相比，有的合趾猿日间活动范围（1km 或更小）和家域活动范围（18～50hm²）也都偏小一些。

不同种类的长臂猿对山地和北方生境的适应能力不同。在最冷的月份（12 月至翌年 2 月），没有无花果和其他果实可供生活在高海拔地区的东白眉长臂猿食用。在这种情况下，东白眉长臂猿转为以采食叶为主，并延长采食时间。当果实供应充足时，东白眉长臂猿捕食昆虫的时间也会较多，而食叶的时间则较少。捕食昆虫作为一种蛋白质的替代来源，已在不同的长臂猿种群中得到广泛报道（Fan 等，2012）。

同样，在高海拔地区发现的一群西黑冠长臂猿，其果实采食量为 0.3％～82.7％；无花果的采食量则为 0～68.2％；叶和芽的采食量为 1.5％～83.3％；藤蔓植物叶和芽的消耗量为 3.1％～61.9％；而附生植物叶片占其食物的比例为 0～22.2％（Fan 等，2008）。

尽管银白长臂猿的行为时间分配和食物有很大的相似性，但在高海拔栖息地生活的银白长臂猿比在低海拔栖息地生活的种群的活动范围要大得多（Kim，2011）。

许多灵长类动物也采食花，但花通常对灵长类动物的能量平衡没有帮助。有报道长臂猿和合趾猿依赖花作为备用食物和首选食物。从 2000 年 10 月到 2002 年 8 月，Way Canguk（注：国际野生动物协会位于印度尼西亚的一所研究中心）的合趾猿的食花时间占总采食时间的 12%，在 1 个月内花的采食时间超过了总采食时间的 40%。在非无花果类果实的采食时间占比最低的月份，花的采食时间占比最高，从严重依赖果实到大量食用花的转变与活动模式向减少能量消耗的转变之间具有相关性，这与花可能是 Way Canguk 的合趾猿的备用食物的解释是一致的（Lappan，2009）。

在印度尼西亚中加里曼丹省，两组长臂猿的食物构成受花的易获得性影响较大。当鲜花盛开的时候，长臂猿的食花量增加，它们也会采食更多的无花果和嫩叶，并从更容易获得的植物中寻找食物（Mcconkey，2003）。

在印度尼西亚的 Sabangu，长臂猿在旱季食花的比例也更高，这一采食比例比花在可食用植物中所占的实际比例要高，此时花是这些长臂猿的首选食物（Cheyne，2010）。

总而言之，长臂猿是食果动物，但当无法获得自己喜欢的果实时，它们可以通过转变食物来源，在某种程度上适应各种气候和地理变量、季节变换以及森林砍伐和森林破碎等变化。这些变化如何影响长臂猿的数量和个体的健康，仍然需要答案。在果实多样性较低的年份，食果的灵长类动物可能会面临体重下降、死亡率增加或生殖受损的问题，这会影响它们的性别比例吗？它们更容易患病吗？极端生境下的长臂猿与非极端生境下的长臂猿相比，体况得分会是多少？这些问题都需要进一步的研究。

在野外被称为食果动物的灵长类通常在圈养条件下以水果为食。超市里出售的大多数人工栽培的水果都是供人食用的，会有选择性地进行培育和种植以迎合人类的口味。这些水果含糖量高，尤其是蔗糖，而纤维含量低，蛋白质、维生素和矿物质的来源也比野果少（Milton，2000）。一般来说，圈养的食物构成没有考虑到长臂猿在野外采食时的季节性变化。营养摄入不均衡、碳水化合物含量高以及觅食时间较少，会导致长臂猿超重，引发糖尿病、心脏病、肠道疾病等问题。

一项对白颊长臂猿胃肠道菌群的研究发现，圈养长臂猿的胃肠道内有与人类相关的肠道细菌定殖，为拟杆菌属（Bacteroides）和普雷沃菌属（Prevotella）。圈养环境可能会使人类饲养的灵长类动物的微生物群更加人类化。人们还发现了生活在不同圈养环境下的两组长臂猿之间的显著差异：食物更多样化的群体（17 种不同类型的食物）与多样化较低的群体（9 种食物）相比，肠道菌群也更为多样（Jia 等，2018）。但这需要更多的研究来了解肠道菌群是如何随着食物构成的特定变化而变化的，以及这些菌群如何影响长臂猿和其他灵长类动物的健康。

关于野生长臂猿食物营养成分的研究较少。

一项初步分析表明，长臂猿会避免吃非常硬的食物，如种子这类硬但富含单宁酸的食物（Cheyne，2010）。

在果实量低的时期，长臂猿通常会采食更多种类的果实，这可能是它们应对不太喜欢的果实中的次生化合物的处理策略，如毒素或消化抑制因子。比起食物资源缺乏的时期，当果实来源丰富时，长臂猿更容易获得它们的"首选果实"。同样的道理也适用于植物叶片，当长臂猿采食更多的叶子时，它们就增加了自己的食物多样性，这可能也是为了应对毒素或消化抑制因子的积累，而这与可取食的植物叶子种类受限有关（Fan，2012）。

一项关于银白长臂猿营养的研究揭示了它们通常所吃的食物的营养含量：花和成熟的果实含有最多的碳水化合物；嫩叶的水分、灰分和粗蛋白的含量最高；成熟果实中粗纤维含量最高。它们还吃少量未成熟的果实，与其他食物来源相比，这些果实的脂肪含量最高（Octaviani，2018）。

一群柬埔寨的黄颊长臂猿也会采食类似的食物。研究人员还发现，与其他食物相比，成熟的果实不仅含糖量最高，还含有更多的脂肪；嫩叶和花的蛋白质含量最高；花也是钙和磷的重要来源。

与成熟的叶片相比，嫩叶水分含量高，纤维含量低，这使得嫩叶在旱季更具有食用价值（Hon 等，2017）。

有关中国的东黑冠长臂猿的研究也证实，果实和无花果是长臂猿的优质食物来源，含糖量最高。东黑冠长臂猿喜欢在清晨和傍晚觅食野果（Ma 等，2014）。叶片和芽为这些长臂猿提供了重要的蛋白质来源以及矿物质。花是重要的备用食物，同时提供高蛋白和高碳水化合物（Fan，2016）。

对野生长臂猿食性的研究也有助于圈养长臂猿的保育。随着野外研究者获得更多关于长臂猿在野外吃什么的信息，动物园工作者也可以继续改善饲养管理条件，优化长臂猿的日粮，提供一个更多样的环境以及更多的锻炼。随着时间的推移，对圈养长臂猿的食物进行研究和调查，以了解食物构成如何影响它们的发育、群体动态、总体健康状况、性别比例以及胃肠道菌群，将会是一项非常有益的工作。

六、长臂猿的病毒性疾病

将新病原体从放归动物传播到野生同种动物的风险是野生动物野化放归的一个重要考虑因素。据报道，40%~48%的长臂猿正在或者曾感染过乙型肝炎病毒（HBV），且大多无临床症状。目前至少有 8 种长臂猿感染 HBV 的报道，包括戴帽长臂猿、白掌长臂猿、爪哇长臂猿、西黑冠长臂猿、敏长臂猿、灰长臂猿（*H. muelleri*）、北白颊长臂猿以及南黄颊长臂猿。在对柬埔寨西南部和东北部野生戴帽长臂猿种群中 HBV 流行率的研究表明，46％的感染长臂猿为 HBV 阳性，与人类 HBV 株既相关又不同，而与圈养戴帽长臂猿中发现的 HBV 变体相似（Leroux 等，2020）。由于野生长臂猿能够感染 HBV，因此在野化放归过程中可以将具有 HBV 特异性血清学阳性的圈养长臂猿作为候选。另外，近年来我国有动物园发生白眉长臂猿感染戊型肝炎病毒（HEV）（安俊卿等，2017）。戊型肝炎是一种以粪-口途径传播为主的慢性人兽共患传染病，感染之后，可能导致长臂猿抵抗能力下降，从而继发其他病原感染，导致长臂猿长期腹泻，造成全身代谢紊乱，尤其是影响肾脏和肺脏的功能，严重者可导致死亡。但是野生长臂猿是否能够感染 HEV 目前还未有报道。

　　长臂猿白血病病毒（GaLV）能造成圈养长臂猿群体中的造血肿瘤疾病。早在 1980 年，位于泰国曼谷的东南亚条约组织（SEATO）医学研究实验室就从患有粒细胞白血病的长臂猿身上分离出 GaLV 毒株，并证明在将该毒株注射到幼年长臂猿体内后会导致慢性粒细胞白血病（Kawakami 等，1980）。当使用免疫学方法调查北美动物研究所的圈养长臂猿血清中的 GaLV 感染时，28％的动物中发现存在针对 GaLV 抗原的抗体，表明这些长臂猿之前接触过 GaLV。然而使用聚合酶链式反应（PCR）或长臂猿外周血单个核细胞（PB-MC）与人类细胞在长臂猿血液或血清中共培养，均不能检测到 GaLV 病毒，并且大多数动物都是健康的（Siegal - Willott 等，2015）。因此，可以假设这些长臂猿感染了 GaLV，产生抗体反应并成功地消除了病毒。进一步调查表明，所有抗体阳性的长臂猿都来自 SEATO 研究机构或与受感染的动物有过接触，因此只有来自泰国曼谷的 SEATO 研究机构的圈养长臂猿或与之有过接触的动物（而非自由生活的动物）被感染，并且病毒是外源性的。因此，在长臂猿的引进和野化放归时要留意其是否感染 GaLV。GaLV 在逆转录病毒跨物种传播的演变过程中具有重要意义。GaLV 和考拉逆转录病毒（KoRV）被认为是跨物种传播的结果，但其来源宿主仍然未知。在蝙蝠中也检测到与 GaLV/KoRV 密切相关的病毒。鉴于泰国的长臂猿和澳大利亚的考拉栖息地相隔遥远，而且蝙蝠能够长距离飞行，蝙蝠的逆转录病毒是 GaLV 和 KoRV 的起源的假设值得考虑（Alfano 等，2016）。

　　圈养的白掌长臂猿能感染人类正肺病毒（RSV，也称人类呼吸道合胞体病毒），并且引发群体感染（Sojka 等，2020）。RSV 是一种单链 RNA 病毒，是人类婴儿毛细支气管炎和病毒性肺炎的最常见病原，疾病可发生在任何年龄段。该病原在人与人之间的传播是通过大型气溶胶液滴或分泌物进行的。试验条件下，恒河猴、非洲绿猴和夜猴在大剂量感染病毒后，通常很少或没有疾病的临床症状（Taylor，2017）。报道的长臂猿感染常常呈现为轻度到中度的呼吸道症状，个别为急性时，表现为精神沉郁、鼻孔结痂和呼吸窘迫，严重者可能突发死亡（Sojka 等，2020）。

七、长臂猿濒危状况

长臂猿是全球最受威胁的灵长类物种之一（Melfi，2012），威胁因素主要包括狩猎、野生动物贸易以及农业生产、森林砍伐等造成的栖息地丧失（Fan，2017）。生活在中国的 6 种长臂猿维持着极少的个体数量，其中两个物种可能已经野外灭绝。中国长臂猿种群数量的骤减大多发生在 20 世纪下半叶，其保护工作在 20 世纪末开始受到重视。21 世纪的前 20 年，在建立以自然保护区为主的保护体系后，有 3 个物种表现出种群恢复的迹象。

海南长臂猿是中国唯一的本土特有长臂猿物种，只分布于海南岛。20 世纪 60 年代，海南尚有 12 个县分布有海南长臂猿（Liu 等，1984），种群数量约为 2 000 只，但是由于栖息地丧失和偷猎，海南长臂猿的数量在 20 世纪下半叶锐减，到 80 年代下降至不足 40 只，最危险的时候这一灵长类物种只剩下 9～10 只，全部生活在霸王岭地区。海南长臂猿严峻的灭绝风险引起了各界的关注，为了有效实施保护，国家于 80 年代建立了霸王岭自然保护区并将海南长臂猿列入国家一级保护动物名录，2019 年启动了海南热带雨林国家公园试点，全面保护海南长臂猿栖息地。近 40 年来，海南长臂猿种群规模虽出现过波动，但整体种群数量呈上升趋势。到 2021 年，海南长臂猿数量增加至 5 群共 35 只。

东黑冠长臂猿的现存种群生活在中国和越南交界的边境区域，在 1910—1940 年，东黑冠长臂猿在越南北部和中国的广西分布还很广泛（Zhang 等，1992），但是其中大部分种群在 20 世纪迅速消失，主要威胁因素为薪柴砍伐、木炭生产和农业用地扩张导致的栖息地丧失（Fan 等，2011）。到 80 年代，该物种甚至被认为已经灭绝，直到 2002 年在越南北部被重新发现，随后残留在中国广西邦亮的种群也被发现（Mittermeier 等，2013）。越南和中国的东黑冠长臂猿保护区（越南高平重庆长臂猿自然保护区和中国广西邦亮国家级自然保护区）分别于 2007 年和 2009 年建立，目前庇护着仅存的约 130 只东黑冠长臂猿（国家林业和草原局，2021）。自重新发现东黑冠长臂猿以来，中国和越南开展了跨境联合保护工作，该物种的数量出现了一定程度的回升，全球种群从 2007 年的 17～18 群共 102～110 只增加到 2016 年的 20～22 群共 107～136 只，其中有 5 群共 30 多只生活在中国境内（Ma 等，2020）。

西黑冠长臂猿是中国现存数量最多的长臂猿物种，分布于越南北部、中国云南南部和中部，目前全球种群数量约为 1 500 只，大部分（约 1 300 只）分布在中国（Fan 等，2017）。目前在西黑冠长臂猿的大部分栖息地皆建立了保护区，其中云南无量山国家级自然保护区、哀牢山国家级自然保护区覆盖了最主要的栖息地，约 1 000 只西黑冠长臂猿在此生活（Mittermeier 等，2013）。从 21 世纪开始，西黑冠长臂猿的保护受到前所未有的重视，偷猎和森林砍伐得到了有效遏制，该物种出现了种群恢复的迹象，如生活在无量山的西黑冠长臂猿在 2010—2021 年的 11 年间至少增加了 17 个繁殖群（新华网，2021）。

北白颊长臂猿曾经广泛分布于我国云南南部的勐腊、江城和绿春等地。在 20 世纪 60 年代，估计其种群数量不低于 2 000 只，在勐腊县城的招待所也能听到北白颊长臂猿的叫声（高耀亭等，1981）。由于栖息地迅速丧失和偷猎的影响，北白颊长臂猿在我国的种群数量急速下降，80 年代末我国的北白颊长臂猿种群已经下降到不足 50 只（扈宇等，1989）。最新的调查显示，我国境内的北白颊长臂猿可能已经灭绝（Fan 和 Huo，2009；Fan 等，2013）。

白掌长臂猿主要分布在马来西亚、缅甸、泰国和印度尼西亚等国，我国云南南部的沧源、孟连和西盟曾有分布（Li 和 Lin，1983；Ma 和 Wang，1986）。根据文献记载，云南的白掌长臂猿的分布地点、群体数量和个体数量在 1960—2000 年皆迅速减少，1999 年之后云南再无白掌长臂猿的野外记录，由此推断白掌长臂猿在我国已经野外灭绝（Fan，2017）。

天行长臂猿是 2016 年被命名的物种，主要分布于缅甸北部和中国云南怒江以西的高黎贡山地区（Fan 等，2016）。该物种在 20 世纪 50—60 年代广泛分布于云南西部（Tan，1985；Yang 等，1985；Ma 和 Wang，1986；Fooden 等，1987）。但是，由于面临严重的盗猎、非法贸易和栖息地破坏，到 90 年代，我国的天行长臂猿数量急剧减少（Lan 等，1995）。2008—2009 年的调查结果显示，生活在中国境内的天行长臂猿只剩下 150～200 只（Fan 等，2011b）。

● 第二部分
长臂猿的动物园管理

一、长臂猿的笼舍管理

长臂猿笼舍的建造应建立在安全和符合管理要求的基础上，综合考虑长臂猿的自然生活习性、生理、心理、卫生和行为等需求。从种群管理的角度，圈养长臂猿可分为繁殖个体与展示个体；从生长的年龄段，可分为幼体、亚成体、成体。不同群体对饲养设施的要求也有较大差异，主要差异是饲养场所的位置、笼舍内外活动场的面积、动物的隔离方式与舍内丰容设施，同时还要考虑通风、光照、防寒保暖、防暑降温等设施。具有一定规模的长臂猿饲养机构，应将圈养长臂猿分为繁殖种群与展示个体。由于长臂猿为典型的树栖家族式小群体生活，圈养长臂猿一般由 3～5 只家庭成员组成，系典型的单雄单雌配偶系，除了 1 只成年雄性长臂猿和 1 只成年雌性长臂猿，其余成员都是亚成体的长臂猿，由成年雌性长臂猿担任首领。因此，成年长臂猿应成对单独饲养，不同年龄段的长臂猿也应该按照幼体、亚成体分群饲养。同时，应选择环境相对安静、凉爽通风、干扰较少的地点饲养繁殖个体；非展示饲养设施应以满足功能需求为主，其笼舍面积可以低于展示动物的展区面积。

（一）功能区

成年长臂猿无论是繁殖个体还是展出个体，一般都需要内舍和外舍。由于各地动物园的占地面积、展出方式、展区高度、展区中的饲养数量各不相同，推荐每对长臂猿笼舍内外总面积不低于 $45m^2$，空间不小于 $120m^3$。南方的一些动物园，可在动物外舍增设穴居巢箱，巢箱位置应在笼舍顶部，具备遮蔽风雨等基本功能。在非冬季时期，由长臂猿自主选择休息位置及是否进入内舍。

在设计笼舍时应规划足够的笼舍空间以备不时之需，设计时应考虑：老年长臂猿、成年长臂猿或好斗长臂猿是否需要长期单独隔离饲养；新引进个体的隔离需要；人工育幼和重引入（又称"再引入"）的笼舍准备；日常行为管理和训练中个体的分离；圈养长臂猿的串笼和清扫等。

冬季持续一整天或几周把长臂猿关在较小的笼舍内是不合适的。当无法提供足够的空间用于正常的移动、社交、分离、训练时，长臂猿可能会出现一系列刻板行为。

有人认为在一些气候长时间温暖湿润的地区，可以将长臂猿仅饲养在一些空间较小的笼舍内。这样的笼舍可以满足喂食、训练和健康检查等需求，但无法满足隔离、合笼等操作，因此不可取。

1. 内舍

内舍是动物夜晚栖息的场所，应环境安静，有笼箱，安装防寒保暖和防暑降温的设施设备，且配备防止动物破坏这些设施设备或电线的保护设施。此外，展示动物的内舍地面应硬化，地面坡度大于 1%，但坡度不宜过大。

如果一对长臂猿经常白天进行外放展示，然后在夜间收回内室，那么至少需要准备 3 间内舍，每间内舍面积至少为 $15m^2$，高度应不低于 3m。实际高度应综合考量，既应满足长臂猿的树栖需求，又应便于清洁、丰容等日常操作。

3 间内室中保证至少 2 间内室能直接进入外舍，并且中间设置有通道门。对于经年繁育的长臂猿，要针对其具体的繁育需求，采取相应的措施灵活管理。

2. 内展厅

内展厅是具有展示功能的内舍。气候严寒或炎热，长臂猿不适宜长时间室外展示时可在内展厅展示。内展厅高度应不低于 6m，面积不小于 $30m^2$，需要有良好的采光、通风、保温功能。内展厅建议安装玻璃顶（建议使用紫外线透过率较高的亚克力玻璃）。

如果所在地冬季温度较低，长臂猿在整个冬季都需要处于室内，那么其内舍或室内展厅的空间就应比正常的内舍大很多。

3. 外运动场

外运动场是长臂猿在气温适宜时的日间主要活动场所，应能够提供充足的光照和新鲜的空气。根据长臂猿的年龄、体型和运动速度，其双臂摆荡距离可以达到 $1.2\sim2.4m$，因此悬挂的绳索可以间隔 $1.2\sim1.5m$，呈现不同的高度，让长臂猿荡过绳索时移动更快。展示区域的面积应保证每对长臂猿最低 $30m^2$，每增加 1 只，面积至少增加 $15m^2$。长臂猿笼舍可充分利用垂直空间。笼舍高度应不低于 6m，保证其可以在不同的高度进行更多的移动。过小的空间不利于长臂猿展示行为，也限制其社交空间。外运动场地面宜为自然土地。长臂猿具有很强的领地意识，在它的视觉范围内不宜有食肉动物或者同类动物（如同种的长臂猿或其他种类的长臂猿），否则应有视觉屏障和安全隔障。

长臂猿的展区有全封闭式、半封闭式及开放式。全封闭式展区的隔障采用硬质金属网或软质不锈钢绳网；半封闭式展区的四周封闭加反扣型电网以防爬，不封顶，多数为下沉式（坑式）；开放式展区一般用水隔离，将动物放置岛上，水面宽度大于 7.62m。

（1）全封闭式/半封闭式展区　如果可用的室外场地空间不足，应以网笼将四周封闭后作为外展区。在完全相同或更小的面积下，全封闭式、半封闭式展区较开放式展区可以为动物提供更大的活动空间，以及树栖的机会。

在材质的选择上，编织不锈钢网、链环、焊接钢丝栅栏均适用于长臂猿笼舍。不同材质各有优缺点，编织不锈钢网价格最高，但是展示效果最佳，也最为实用。也可使用金属轧花网，对长臂猿来说也是安全的。不管用何种网，均应注意笼网孔径。6cm×6cm 的孔径对于成年长臂猿来说可以轻易地将手臂伸出，但对于幼年长臂猿来说，其头部也可能钻出，此时如果幼年长臂猿被家庭成员强行拉回展区，则可能头部会被夹住而受伤。应根据实际需求及预算选择材质及孔径。

半封闭式展区即无顶网展区，需注意展区内栖架的高度及其与隔障之间的距离，防止长臂猿摆荡后越过围网等隔障。四周隔障顶部应安装反扣型电网，防止动物出逃。对于半开放式展区或笼舍，欧盟动物园协会（EAZA）要求设置至少宽 6m 的隔障（如水壕沟）。

（2）开放式展区　需要设置一个围绕展区的大型隔离沟。据报道，长臂猿臂力摆荡距离可超过 9m，非臂力跳跃距离可超过 6m，因此国内目前许多展示长臂猿的半开放式展区存在动物出逃的隐患，无论长臂猿在一个展区生活多长时间，如果其隔离距离不达标，就存在出逃的可能。长臂猿是否会出逃取决于其性情、过去的经历、直接刺激、年龄、社会环境、与其他动物/长臂猿的关系，以及与动物园游客及工作人员的关系等。当长臂猿被引入到一个新的空间，年长的长臂猿会寻找和探索新的区域。当长臂猿对工作人员或游客有攻击性或被其他事物吸引，或者感受到威胁时，有可能从展区中跳出来或摆荡出来。

应将高大的树木/设施放置在远离展区边缘的地方，以保持展区边缘低于游客参观平面。在供长臂猿臂力摆荡的区域空间，不能有支持其长距离摆荡的设施，以防长臂猿跨越隔离障碍。在长臂猿跳跃的位置，应尽量避免种植树木或注意时常修剪树木，确保树枝不会因过长而让长臂猿跨越隔离带。平时应密切观察长臂猿的行为，看它们是否有跨越屏障的企图。

长臂猿不会游泳。据报道，合趾猿会涉过 1～2m 宽的水障，但这是非常罕见的。因此，很多长臂猿展区会使用水隔离设施。虽然成年长臂猿在遇到危险时通常不会下水，但许多幼年长臂猿有涉水冒险的情况。因此，要谨防幼年长臂猿溺水死亡。如果使用水隔离设施如水壕沟，那么其在靠近展区的边缘应较浅，在距离展区边缘 3m 时逐渐加深到 25～30cm（最深不宜超过 50cm）。

延伸到水面的树枝会导致长臂猿落水，应让树枝远离水壕沟，或者靠近岸边。低矮的树枝可帮助成年长臂猿找回掉到浅水边缘的幼猿。也可以在水下铺网，创造一个邻近动物活动场的浅水区。水必须经过滤、清洁处理，以减少粪便中大肠杆菌的污染，防止蚊蝇繁殖，并防止水内积聚植物及其分解物。

长臂猿可以攀爬或探索有轻微角度或裂缝的墙壁，它们会尝试跳跃并在墙角停留。因此，垂直障碍应保证至少 4.5m 高，杜绝其攀爬的可能，并在墙顶设反扣型电网。如同水壕沟一样，垂直屏障需要与树木通道保持一定距离，并且不能有可着陆区域。建设开放式展区有必要搜集更多关于长臂猿逃逸的信息。

长臂猿不善于挖掘，笼舍展区地表应固化，防止水土流失和沉降。当长臂猿与亚洲小爪水獭等物种混合展示时，应控制这些物种或鼠等本地物种挖洞，使长臂猿有机会逃逸。

（3）非展出运动场　是指在动物既不适合展出，也不能长时间留置于内舍的期间，可以让动物在室外活动的空间，以便让动物可以充分接触阳光和新鲜空气。面积可以略小，但要尽可能高，并减少干扰。长臂猿好奇心强，易受人为干扰。游客的投喂行为是笼养条件下长臂猿的休息行为减少、运动行为增多的主要原因。如人为干扰过多，则会引起长臂猿的许多应激性反应，如精神紧张、高度兴奋等。投喂食物过多时还会引起长臂猿消化不良、排便稀软等。长臂猿对刺激因素敏感，笼舍外有游客经过时，即使是少量游客，长臂猿也会从非展览区内出来观看。游客的投喂行为是引起长臂猿兴趣的最主要的原因。设计非展出运动场可以提供动物个体调养生息的空间。

（4）饲养员操作区　包括饲养员配料间、丰容工具间、饲养员休息室等，用于饲养管理人员操作、清洗、配料、制作丰容器具、记录饲养日志、更衣、休息等，每个饲养员操作区的面积为 6～10m²。饲养操作区与展区之间应该有坚固的门锁系统，同时设计饲养员操作的安全通道，保证饲养人员操作时的安全。

操作区内应配置一个小厨房，配备洗手台等配套设施。进出后勤区应尽可能方便，有存放垫料、笼架设施、丰容物品、动物运输箱、清洁工具等的空间。在设计出入口的门时，应保证足够的宽度，以便动物转运时容纳运输箱和饲养员的进出。也可为短期储存物品提供一个储物间。

（5）待产及哺乳区　尽管长臂猿分娩大多数都是在固定的空间里进行的，而且和社会群体的其他成员在一起，但是仍需要准备一个待产区，这样动物就可以在需要的时候不受打扰。建议有足够的空间分别供雌性、婴儿和家庭的其他成员休息。分娩区域必须保证与噪声、交通工具、游客和其他可能造成动物烦躁的声音隔离。并设置视觉屏障，让雌性在视觉空间上与其他动物隔离。

（6）人工育幼区　当发生动物弃仔，需要人工介入进行长臂猿的育幼工作时，建议提供24h护理，并保持饲喂手法一致，以取得最佳效果。在育幼过程中应尽早让幼猿与同类动物接触，建议在与饲养场所相邻的一个独立空间进行育幼，这将有助于开展日常育幼和过渡工作。合理的笼舍设计对安全引入幼猿有较大的帮助。人工育幼区应具备控制感染、储存用品、员工休息、冷藏、洗涤用品、家用微波炉等条件。并有更大的空间为幼猿所有维度的移动提供更多的机会，如在几秒内从垂直藤蔓上下降6m；沿着水平和垂直的藤蔓以两足或四肢行走；沿着展区从一层到另一层悬挂的绳索做重复的动作。更大的空间可以支持管理更大的家族群体，让成年长臂猿更长时间维持自然群体结构。

此外，应注意提高展区复杂度，具体方法如下：

（1）在展区内的立柱或树之间悬挂绳索，为长臂猿提供臂力摆荡。适应性强的长臂猿/合趾猿能很好地沿着绳索摆荡。游客可以看到长臂猿手握支点（如握柄）的位置及运动方向上的变化。除绳索设施外，还可以提供更多的硬性手握支点和手臂摆荡点。树冠的分枝也可提供不同的高度、抓握粗度和摆荡距离，这将允许不同年龄和体型的长臂猿自由移动。但应注意不要为了美观而破坏长臂猿的可利用空间。此外，还应密切观察和检查绳索，避免长臂猿被套牢和勒死，并及时清理因磨损而松散的绳索末端。

（2）在展区设置宽阔的架子，或留存树上的粗枝杈，或增加平坦的设施，以便长臂猿躺在上面休息。

（3）在展区内的树杈旁或树杈内创造一个供幼年长臂猿坐或休息的区域，可以促进幼年长臂猿树栖能力的发展，也可以吸引母猿在此停留。

（4）游客和长臂猿之间的隔障应能阻止两者相互交换物品及接触，且能防止游客轻易跨越。在封闭的展览区，应设置玻璃隔障阻止人与长臂猿的身体接触，这样也可以阻止疾病的传播。玻璃观景窗应使用安全的夹胶玻璃，以确保不被游客和坠落物破坏。关于观景窗的相关标准同样适用于长臂猿展区，这有利于长臂猿管护机构参照管理。

（二）设施设备

1. 笼网

长臂猿的内舍向操作通道一侧可采用钢筋加方格网隔离。金属栏杆的间距小于5cm，直径不小于6mm。每隔1m加装固定横带。采用网格隔离动物时，网眼不小于 2cm×2cm 且不大于 5cm×2.5cm，钢丝直径为 2mm，网格需固定于两边长度分别为 80cm、120cm 的 L 形边框内。网格与边框可采取焊接、扁铁压固等方式。展示外舍宜采用格网隔离，参观面也可采用玻璃隔离游客与动物，玻璃为 6mm＋6mm 夹胶钢化玻璃，高度以游客可以看到远端展示的动物为宜。玻璃框架的底部应设进风口，也可采用侧面通风。展示外舍的顶部宜采用钢筋加格网的方式。相邻内舍间的隔离宜采用墙体等封闭式隔离方式，为相邻笼舍之间的长臂猿提供视觉障碍，有助于减少由于领地意识给动物带来的紧张压力。相邻外舍间如使用栏杆加密网的方式隔离，建议至少间隔 20cm 或网眼不能大于 1cm×1cm，以免动物间相互打架受伤。所有的铁丝网或钢丝网的切口应该是钝口，固定网的铁线头要隐藏，不能让长臂猿直接接触到铁线头，以免被划伤。

2. 门

长臂猿笼舍的门根据功能的要求分为两种，一种是饲养管理人员进出笼舍的门，另一种是动物进出笼舍的门。

饲养管理人员进出笼舍的门，一般为高 2m、宽 0.8m，向笼舍内开。整个饲养区需要留一个大门（高 2.2m、宽 2.4m），便于货车或吊机等机械设备通过，并可作为植物补栽、栖架更换的进出通道，笼舍周边的混凝土通道或垫板必须能支撑大型吊机。动物进出的门不必过大，以与通道同宽为宜，一般为饲养员可在笼舍外操作的推拉门，也可用垂吊门。动物进出的门宜建造在笼舍较高处（距地面 2m 以上），但对于独立活动的幼年长臂猿和老年长臂猿来说，可能需要一扇较低的门，降低其通行难度。为便于动物使用，可在门的两侧提供绳索或牢固的手抓物。开门位置及尺寸应同时考虑动物串笼的需要。门应该足够坚固，可以选择使用轧花网或带孔钢板制作。

3. 窗

窗用于通风、采光，一般为推拉玻璃窗，与动物接触的一侧用隔离网保护。窗的尺寸根据墙面的可利用空间确定。内展厅高度大于 4m 时，宜采用上下双层窗，利于空气流通。

4. 分配通道

笼舍与笼舍之间要有方便动物进出的通道，以便转移、隔离等操作。串笼的门可设置于地面，方便将动物串入保定笼。分配通道宜设置在离地 2m 的位置，尺寸不宜小于 70cm×70cm（高×宽），截面为矩形，尺寸比闸门略大，以满足长距离转移的需求。分配通道的截面也可以是圆形（附录 4），直径为 0.6m，可在顶部增加握把，辅助长臂猿行动。当天气寒冷、潮湿或者在夜间时，应该提供动物随时进入内舍的通道。分配通道与每个内舍、内展厅、外运动场应该是并联的关系，这样转移长臂猿个体时可以互不干扰。

5. 行为训练区

为便于饲养员开展行为训练时与动物之间进行保护性接触，建议硬质隔离网眼的尺寸为 2cm×2cm，取食孔开口为 2cm×4cm，手臂伸出孔开口为 6cm×6cm。

建议为所有长臂猿在饲养笼前设计行为管理/训练空间。训练设施包括架子、秤、抓握处、更开放的网状小区域等，允许随时进行的行为强化，并能满足超声波检查和手臂注射训练。长臂猿可以伸手通过 2cm×2cm 大小的网眼，所以为避免饲养员被抓伤，建议采用 1cm×1cm 大小的网眼。行为训练区的局部可以设置 2cm×2cm 大小的网格以方便训练。在所有笼舍前设置多个互动区域开展行为训练有助于隔离和减少长臂猿个体之间相互干扰。

可设计制作动物称重设施，为长臂猿定期称重，提高饲养工作效率。如果没有专门的称重设施，可以在地面安装磅秤代替。定期进行称重，有助于长臂猿的饮食管理，也有助于进行长臂猿的生长发育、妊娠、健康状况的监测和药物剂量测算等。

6. 治疗区

可以在分配通道安装可拆卸的压缩笼来满足动物医疗、移动等管理需求。压缩笼可安装在分配通道与笼舍连接部分。压缩装置不应该完全依靠人力来保持挤压状态，可通过机械装置实现逐步压缩。可通过行为训练的方式，让动物对压缩笼脱敏。

目前更普遍的操作是利用行为训练让长臂猿适应注射、采血等医疗行为。

7. 其他

通常每个长臂猿群体拥有一个展区、多个饲养区。部分动物园开展一些有趣的尝试，让长臂猿群体从一个空间转移到另一个空间进行体验，或者通过轮换动物展区让长臂猿有新鲜的体验。公众也需要不同的参观方式与体验，他们不期望长臂猿群体每天以同样的方式展示，希望通过参与寻找动物来获得与野外调查相一致的体验。如果一个园区展示和饲养多种长臂猿，那么应在长臂猿群体之间设置视觉障碍，因为一些个体和群体仅仅通过视觉接触即可加剧彼此的冲突。但长臂猿对声音环境通常不太敏感。总之，无论是同种还是不同种的长臂猿，即使是成对的长臂猿或属于同一家庭群体，只要近距离视觉接触如在穿过公共饲养区的走廊相遇，都可能导致长臂猿感受到心理压力，出现长期痛苦、攻击性增强、发生自残或幼猿失去良好的母亲护理等问题。设置视觉屏障是多个长臂猿群体同区饲养的最低要求，建议每个长臂猿群体有单独的饲养区。

（三）基本需求保障

1. 水

所有笼舍都必须配备水源。应结合动物的行为习性在笼舍内建造一个水源，而不是简单的在地上放置一盆水。应为动物随时提供新鲜的饮用水，并保证水源干净卫生，防止动物接触水龙头。

2. 温度与湿度

灵长类动物有完善的体温调节机制，除生理性调节外，还有适应性行为。野生长臂猿生活在热带、亚热带的雨林里，喜温惧冷。对于笼养条件下的长臂猿来说，需要通过各种措施帮助其度过严冬与酷暑，如冬季在室内提供暖气，雨雪天将动物引入室内展厅，夏季在室内安装空调或电扇、展区顶部增加遮阳物、喷雾降温和加冰、保证充足的饮水与水果供应等。但长臂猿也有自己的调温措施，如冬季通过拥抱、增加取食行为的时间和频次、晒太阳、躲入巢箱等行为抵御严寒；夏季在阴凉处或室内午休，并通过增加水分摄入等方式增加散热。笼舍湿度必须保持在与动物相适应的水平，以保持长臂猿的健康。

不同种类和不同年龄段的长臂猿有不同的环境温度需求。Alan Mootnick (2007) 计算了不同种类长臂猿单位面积的毛发，白颊长臂猿的被毛比黑冠长臂猿和合趾猿要厚得多。黑冠长臂猿种群的分布偏北方，相对更适应较寒冷的天气。婴儿和幼年长臂猿适宜的温度为 25～35℃；亚成体长臂猿的适宜温度为 18～35℃；成年长臂猿的适宜温度为 12～30℃。

对于年幼和年长的动物而言，应尽量提供温暖、通风、湿润的环境。长臂猿在短期内有较宽的温度忍耐范围。有些长臂猿可以在气温略低于 0℃ 时外出。但在任何极端温度下都要给予动物密切关注。在寒冷晴朗的天气，长臂猿可能在晒太阳的同时被冻伤。寒冷季节，应为长臂猿提供可选择的室内加热空间。如遇阴冷、潮湿的天气，要非常谨慎地选择是否进行长臂猿的展示及展示方式。当长臂猿已经适应炎热气候时，只要有阴凉处和足够的水，它们就会活得很好。

冬季确保温度在 8℃ 以上，夏季保证内舍及内展厅温度不高于 30℃。保持自然通风良好，以提供充足的新鲜空气，防止不良气味和有害气体的积聚。

环境的适宜湿度是 30%～80%。持续的低湿度会导致动物皮肤干燥开裂。而在高温没有通风的情况下，高湿度可能导致热射病等疾病的发生。

3. 通风和保暖

建造笼舍时应考虑为动物提供充足的通风，保证动物的健康和福利。良好的通风设计不仅有利于动物的健康，也有利于展区内植物的生长。因长臂猿不耐寒，必须考虑冬季保温与通风的问题，笼舍外舍应当实现自然通风；夏季需要考虑遮阳，对于采用玻璃隔离的外舍，需要特别强调外舍底部设置进风口，促进空气流通。内舍是相对密闭的空间，因此要有可关闭的窗口，并根据天气情况选择开关。

封闭区域应该通风，让人和长臂猿感到舒适。只要空间通风良好，长臂猿就能忍受湿度和温度的巨大变化。每小时至少换气 10～15 次，所需的通风量根据湿度、温度和饲养区域的总体空间大小进行调整。天气寒冷时，饲养区不应有"穿堂风"。如果空调设施在整个保温区域持续使用，则该区域的温度和湿度就能够按需要保持恒定。使用红外线取暖器时要小心，避免在较近的距离产生过多的热量。在北方地区，动物园可以在封闭区域设置加热灯和户外紫外线（UVB）灯。长臂猿日光浴的区域和训练的区域一致是一种很好的饲养管理方式。

4. 采光及照明

首选自然光直接照射，中间没有玻璃阻隔，可以避免幼年、老年长臂猿发生维生素 D 缺乏症。其次是在笼舍屋顶采用透光板。天窗可提供柔和、自然的光线，便于饲养员观察长臂猿。在北方地区，冬季长臂猿不能长时间在户外展出，应考虑使用 UVB 透射天窗。

可以利用当地的自然光周期管理长臂猿的行为。室内照明可由天窗和/或人造全光谱灯提供，这些足以提供良好的日间照明环境。应避免使用明亮的白光和柔和的黄色光照明。夜晚照明可以由非常暗的白光提供。

5. 遮阴

白天的任何时候都要有阴凉的场地，室外展区必须提供充足的遮阴设施。遮阴是天气炎热时的最低要求，必须在多处树栖点提供树荫、遮阳布或其他设施，也应提供多个遮雨点。

6. 丰容栖架

具有攀爬习性和攀爬能力的动物都需要设置栖架。长臂猿的笼舍必须设置栖架，且设置栖架时需要同时考虑空间丰富度和复杂性，目的是提高垂直空间的利用率。栖架可以是支架，也可以是树枝、绳索等可供攀爬的构建物。要充分利用笼舍的垂直空间，利用自然树木、人造休息平台、栖架等建立立体的动物活动路径。根据长臂猿的行为习性，建议运动场内横向的栖架不宜过多，避免阻碍其摆荡行为。栖架的材料应该选择硬质和软质材料相结合。为了确保长臂猿的福利，必须提供能刺激其行为的丰容措施，并制定丰容运行表，日常丰容需要按运行表进行。要注意丰容项目的安全问题。绳索类必须做好保养，如果出现磨损，必须及时更换或处理；当长臂猿使用绳索时，必须保持绳索绷紧；绳索的直径建议在 25～40mm。

应为长臂猿提供能进行臂力摆荡的刚性和半刚性材料，如杆、绳索和树枝，但不宜全部使用金属材料，避免动物冻伤、烧伤或滑脱。长臂猿大部分的移动都是在垂直的设施上进行的，应多检查树上的设施，尽量提供树栖结构来支持它们所有的运动。室内饲养区最好提供距离天花板 50cm 的双杠，长臂猿可在上面休息或悬挂。展览和饲养区也应该有休息点，如宽阔的栖架、平坦的树状表面、跳跃板等。每个区域都应有多个分开的休息点，以允许雌性长臂猿选择分娩地点，并为不同个体提供分开休息的可能性。栖架上方应设置足够的遮阳挡雨设施，位置要避开低处的饮水点，以免动物的粪尿污染饮用水。

应为长臂猿提供树栖食物及丰容设施，这样有利于长臂猿对展区空间的利用以及提高游客的观感。在展区的每个空间、每个时段随机提供食物有利于长臂猿充分利用展区空间。

7. 垫料

长臂猿是典型的树栖灵长类动物，很少在地面活动。内笼舍的地面设计主要考虑清洁卫生的需要，建议采用硬质水泥地面。外运动场地面根据南北方气候差异有不同的选择，南方动物园外运动场地面应以草皮、乔木、灌木为主，也可以是混凝土；北方动物园外运动场地面应以沙地、植物等为主。长臂猿可以使用多种人工或自然的材料作为垫料，以允许其表现更多的自然行为，如觅食和气味标记。垫料必须进行有效的管理，定期更换，这样才能阻止相关疾病的发生。

以树栖为主的长臂猿，其笼舍可以使用多种材质的垫料，室外展区通常以天然草坪为垫料，这有利于树及其他植物的生长，既可提供长臂猿树栖的环境，也可遮阴，同时也比较自然美观。内舍地面经过硬化，易于清洁，引入幼年长臂猿时，硬化的地面可以铺设干草、稻草、树皮、木屑等垫料以缓冲坠落时的冲击力。

8. 视觉屏障

长臂猿笼舍应该包含能提供视觉障碍的设施，使动物可以选择不暴露在同伴和公众的视线范围内。在室外展区多提供视觉屏障，有利于增加群体内弱势个体或妊娠待产个体的安全感。视觉屏障的设计包括穴居笼箱、绿化植被、绳网、麻袋等。

（四）环境营造

1. 地形地貌

长臂猿属动物主要栖息于南亚热带季风常绿阔叶林，海拔一般在 1 000～

2 000m；东黑冠长臂猿分布的广西邦亮国家级自然保护区有典型的喀斯特地貌。因此，圈养长臂猿可以营造南亚热带常绿阔叶林风格，地形起伏，并用塑料石块打造成喀斯特地貌，石缝中有野草藤蔓，溪水潺潺，模仿野外栖息地。

2. 植物配置

植物对提高动物的展示效果和动物的活力有重要作用，应尽量根据长臂猿自然栖息地的植被分布进行笼舍植物配置。需要选择非动物喜食的植物类型以防止植被被采食破坏的可能，不能选择对动物有害的植物。也可在高处悬挂或插一些带有叶子的树枝供动物采食、遮阳、隐藏、玩耍。外运动场空间较高，为营造模拟自然的环境，可种植乔木、灌木、草本植物，特别是高大的乔木。宜设置低压喷灌系统，既能够满足植被对水的需求，又可以增加环境湿度，夏季还具有防暑降温的功能。北方冬季温度低，大部分动物园的长臂猿可能需要长时间生活在内展厅，但内展厅为便于清洁多以硬质地面为主，有条件的动物园可在内展厅配置盆栽植物以提升长臂猿的环境感受。例如，南京市红山森林动物园的内展厅地面全植被覆盖，完全模仿亚热带野外环境，提高了环境丰富度，打造了沉浸式展出方式。

二、长臂猿的饲喂管理

（一）基础日粮

长臂猿圈养日粮的营养构成应该与野外食谱相似。在野外被称为食果动物的灵长类动物通常在圈养中以水果为食。

1. 基础日粮中的饲料种类

（1）精饲料　为了满足动物的营养需求，需要配制精饲料，提供动物日常所需的蛋白质、矿物质、维生素等营养需求。长臂猿的精饲料一般由能量饲料和动物性蛋白饲料组成，并配以相应的矿物质添加剂，做成饭团或者窝头蒸熟，饲喂给动物。也可以提供 Mazuri® 中适合长臂猿的颗粒料。

（2）坚果　日粮中提供的坚果主要是葵花子、花生、南瓜子等，所占日粮总量的比例很少，每天供给的品种不同。坚果可以补充动物生长健康所需的部分脂类、维生素、矿物质等。长臂猿的特殊生理时期可提供其蒸红枣等。

（3）水果　属于主粮，在日粮中所占比例较大。主粮水果有苹果、芭蕉/香蕉；其他水果可根据季节不同提供青枣、番石榴、木瓜、石榴、葡萄、提子、西瓜。南方一般用芭蕉作为主粮水果，北方把香蕉作为主粮水果。

（4）蔬菜　在日粮中所占比例小于水果，可提供动物机体所需的纤维素、维生素等，也可用于诱导动物服药。因季节变化提供的蔬菜品种有番茄、甘薯、胡萝卜、芹菜、莴笋、空心菜等，如表2-1所示。

表 2-1　圈养长臂猿日粮中的主要蔬菜类型

绿叶蔬菜	低淀粉蔬菜	高淀粉蔬菜
卷心菜	西兰花	甘薯
黄瓜	花菜	南瓜
西芹	番茄	马铃薯
芹菜	藕	豆薯
菠菜	小水萝卜	山药
空心菜	洋葱	嫩玉米
大白菜	茄子	毛豆角
苋菜	灯笼椒	
生菜	笋	
莴笋	胡萝卜	
蒜苗		
小白菜		
娃娃菜		
甘蓝		
茼蒿		
油麦菜		
甘薯秧		
韭菜		

（5）树叶　是日粮中的辅料，一般不用每天提供，每次仅提供少量。应确保树叶来源，要求新鲜、叶嫩、无农药。南方品种的树叶有朱瑾花叶、构树叶、榕树叶、朴树叶、冬青叶、桑叶、樱树叶、紫荆花叶等。北方品种的树叶包括杨树叶、槐树叶、榆树叶、柳树叶、刺槐叶、杏树叶等。江淮一带还有女贞树叶。树叶类饲料提供长臂猿部分蛋白、纤维类营养成分，有利于其肠道蠕动。

（6）动物源食物　所占比例和坚果差不多，可以补充动物健康所需的蛋白质、氨基酸类营养物质，提供的品种有煮鸡蛋黄、煮鹌鹑蛋、面包虫等。不需要每天提供，可定期轮换，每次提供不同的品种。

2. 日粮比例

圈养条件下长臂猿日粮的比例应根据其野外的食谱构成来制定。因各地气候、地域、纬度、海拔等客观条件的限制，各个动物园提供的日粮品种和配比有一些差异。一般情况下对于动物个体，夏季的日粮总量是冬季的80%～90%，不包括生长期亚成体长臂猿。夏秋季节气温较高，动物的进食量有所下降，饲料总量较冬季有所下降。但夏秋季节果蔬的品种相对丰富，可增加应季饲料的品种，在日粮总量降低的基础上，每种饲料的比例不变，增加品种更能确保动物机体营养需要。冬春季节天气寒冷，动物的进食量有所上升，饲料的总量也应较夏季有所增加，此时可提供的水果、蔬菜的品种略少，但每种饲料的比例应保持不变。建议圈养长臂猿日粮比例为水果、蔬菜、精饲料合计65%，新鲜树叶足量，坚果和动物源饲料等占5%。

3. 推荐日粮

综合国际长臂猿研究中心（International Center For Gibbon Studies）、台北动物园以及大陆几家长臂猿饲养单位提供的饲料配方，按照日粮分类，将长臂猿日粮按照含灵长类动物颗粒饲料和含窝头给出两种饲喂推荐方案（表2-2、表2-3）。一般情况下，在夏季和冬季，成年长臂猿日粮有一定的季节变化，即夏季日粮为冬季日粮的80%～90%。

表2-2　含灵长类动物颗粒饲料的长臂猿日粮（g/d）

日粮种类	黑长臂猿	银白长臂猿	冠长臂猿	白颊长臂猿	合趾猿	白掌长臂猿
灵长类动物颗粒料	45	30	53	53	50	75
水果、高淀粉蔬菜	770	830	950	1 050	1 050	480
绿叶蔬菜、低淀粉蔬菜	260	190	200	260	360	60
其他精饲料（面包、蛋糕）						85
树叶	500～2 000	500～2 000	500～2 000	500～2 000	500～2 000	500～2 000

注：黑长臂猿、银白长臂猿、冠长臂猿、白颊长臂猿、合趾猿数据来自国际长臂猿研究中心；白掌长臂猿数据来自台北动物园。灵长类动物颗粒饲料营养指标：粗蛋白≥20%，粗脂肪≥5%，粗纤维≤11%，粗灰分≤6.5%，总磷≥0.5%，钙0.75%～1.25%，水分≤11%。

表2-3　含窝头的长臂猿日粮（g/d）

日粮种类	南黄颊长臂猿	冠长臂猿	白颊长臂猿	合趾猿	白掌长臂猿	白眉长臂猿
窝头、饭团	156	156	156	170	80	80
水果、高淀粉蔬菜	690	690	790	1 360	600	650
绿叶蔬菜、低淀粉蔬菜	80	80	110	560	600	650
坚果	3	3	3	23	5	5
动物源饲料	5	5	5	5	60	60
树叶	20	20	20	100	100	100
其他精饲料（面包、蛋糕）					30	30

（二）饲喂

无论何时段以何种投喂方式饲喂长臂猿，其总饲喂量保持不变，决不可无限量地随意饲喂，以下为饲喂原则。

1. 饲喂时间

应充分尊重动物在野外的采食习惯，避免刻板的饲喂时间，并避免因为饲喂流程固定而导致动物行为出现刻板现象。因此，应尽量减少固定时间饲喂，增加灵活饲喂的频率，至少每天不固定时间地饲喂5次，每次喂少量食物。原则是在动物饥饿度较高的时段饲喂树叶、绿叶蔬菜等纤维含量高的食物，同时为了保证高纤维饲料的适口性，要少量多次饲喂，确保饲料新鲜。

2. 投喂方式

投喂食物是非常好的进行动物行为管理的时机。饲喂长臂猿时应以模拟动物野外采食的方式投喂。圈养条件下通过抛撒和藏匿的方式饲喂可以将动物引导至不同的位置，以增加动物对环境的探索；通过取食器饲喂食物可以增加食物获得的难度，延长动物取食的时间；通过行为训练的形式将食物饲喂给动物可以增加动物对饲养员的信任，便于饲养员更好地对动物进行管理和操作。此外，饲养员每次与动物见面或者路过笼舍的时候将随身携带的食物少量饲喂给动物，也会增加动物对饲养员出现的期待，建立良好的信任关系。

（三）饮水

动物内舍和外舍都应该设置自吸式饮水器或水盆提供饮用水。当设置自吸式饮水器时应保障供水，不得中断，应每天检查饮水设备，如有损坏及时维修和更换。当使用水盆时，应每天清洗水盆，每天应至少更换饮水2次，水盆内应保证时刻有干净的饮水。因长臂猿是用手捞水喝，所以水池的深度需要在15cm左右，池内随时保持10cm左右的清洁水，不宜过深或过浅。

（四）营养状况评估

长臂猿不像人类那样会明显地表现出疼痛和健康不佳的状况，往往饲养员发现的时候动物的健康问题已经变得非常严重。所以定期观察和评估长臂猿的健康状况至关重要。体重称量和体况评分是衡量动物个体体况差异的有效方法。体况评分体系（BCS）通常提供1～5分或1～9分的评分。针对长臂猿体况的评分体系目前还没有，可借鉴猕猴的评分标准（Wolfensohn和Honess，2005）。通过触诊猕猴的胸椎和腰椎，判断覆盖在椎骨突起的脂肪和肌肉的量，然后给出评分（图2-1）。

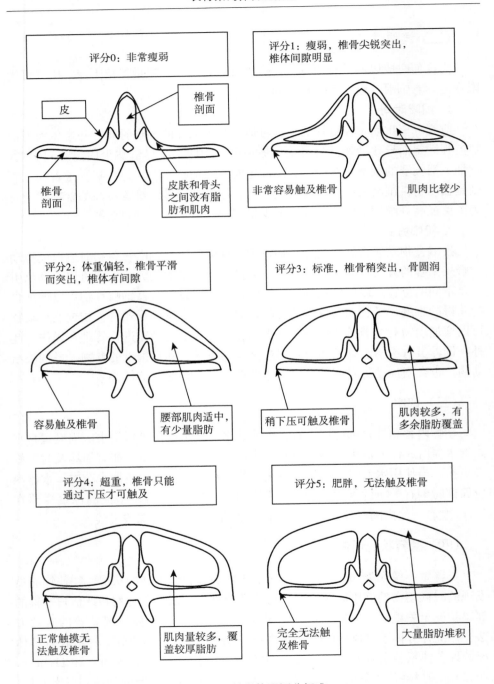

图 2-1 猕猴体况评分标准

动物健康不佳带来的粪便异常也是比较容易观察到的问题，为了减少不同人员对动物粪便评分的主观性，应通过图片对粪便进行评分。欧洲动物园和水族馆协会（EAZA）根据粪便的颜色、形状、硬度等给出了白掌长臂猿的粪便评分（表2-4）。各种长臂猿均可参照该评分标准执行。

表2-4　白掌长臂猿粪便评分标准

评分	描述	图片
1	粪便成型良好	
2	粪便成型，但偏软	
3	粪便不成型，但有纹理	
4	粪便不成型，稀软	
5	粪便不成型，非常稀软；腹泻	

三、长臂猿的社群结构与种群管理

(一) 社群结构

长臂猿多为一夫一妻制生活，通常每2～3年生育一次后代，多为1胎。一个长臂猿种群里通常可以容纳2只未成年后代，亚成体将被迫在6～8岁时（长臂猿的性成熟年龄）离开该群体，这时需要提前将这些亚成体从群体中移出。

在日常活动中，整个长臂猿群体具有高度的凝聚力，个体之间的距离不会超过10m。

长臂猿最适合的群体结构是一雄一雌及2～4个亚成体组成的家庭小组，以展示整个猿群社会行为。雄性长臂猿为保护在猿群中的主导地位和领域会同其他成年雄性进行打斗，因此不应将两只成年的雄性长臂猿放在同一个群体内。雌性长臂猿进入繁殖年龄后，相互之间也会打斗。因此，长臂猿宜以雌雄配对、雌雄配对及后代（婴幼长臂猿和青少年长臂猿）、单亲和后代等模式一起饲养，没有配对的同性成年个体不应成对或群体饲养。

(二) 社群活动

理毛行为是长臂猿最常见的社交活动，其次是玩耍。理毛行为可以是长臂猿成体和亚成体之间，也可以是两个成体或两个亚成体之间进行。玩耍则是以幼猿为中心，所有群体成员均会关注幼猿的行为，并围在幼猿附近，一旦有外界的刺激或危险情况，幼猿会立刻躲到最近的成年长臂猿身上。

(三) 沟通行为

在笼养情况下，长臂猿的沟通方式有鸣唱、手势、眼神和相互触摸等。各群体间的交流是相互尖叫或发出"哦～哦"的低沉声音。若两个群体之间有敌意，会隔笼相互张嘴威胁，或拍打笼舍显示威严。已配对成功的猿群会定期鸣叫，其主要目的是向其他猿群宣誓它们的领地。猿群每天至少鸣叫2次，每次可以持续10min甚至更长时间。

(四) 群养结构的改变

若要将一只雄性长臂猿和一只雌性长臂猿放在一起，应提前让它们作为邻居相互熟悉，使其在相邻的围栏处花更多的时间进行交流，通过它们相互之间的表现来判断是否能配对成功（在笼养条件下，相邻笼舍间的配对也发现有隔笼挑逗，最后亦可构成另一种配对）。

配对时，以雌性长臂猿为主，宜将雌雄长臂猿隔笼饲养，保持视觉、听觉和嗅觉接触，观察两者的行为及雌性长臂猿对雄性长臂猿声音的反应，如两者存在频繁的鸣叫与亲和行为，可择机合笼配对饲养。如计划配对的长臂猿饲养地点不同，宜为雌性长臂猿播放计划配对的雄性长臂猿的鸣叫声，观察雌性的反应，以此判断是否适合配对。

进入亚成年的长臂猿应适时离群。当双亲或较年幼的同代个体对其表现出较强烈的攻击行为时，该个体大多处于群体边缘，亲和行为会越来越少，应及时进行隔笼，也可尝试建立亚成年长臂猿群体。当雌雄亚成年长臂猿配对成功时，宜尽快完成对隔离饲养。

（五）北白颊长臂猿的种群管理计划

2019 年，中国动物园协会将长臂猿列为优先示范管理物种，制订和颁布了《中国动物园协会北白颊长臂猿种群管理计划》，该项计划是为了促进圈养北白颊长臂猿的种群管理，提高饲养管理水平，尽可能实现圈养北白颊长臂猿的可持续发展。

1. 管理范围

管理范围包括在中国动物园协会北白颊长臂猿谱系登记的圈养存活个体。饲养机构为中国动物园协会种群管理委员会北白颊长臂猿种群管理签约机构。

2. 种群管理的意义与目标

（1）种群管理的意义　由于栖息地迅速丧失和非法偷猎的影响，北白颊长臂猿在我国的种群数量急速下降，20 世纪 80 年代末我国的北白颊长臂猿种群已经下降到不足 50 只（扈宇等，1989）。最新的调查显示，我国境内的北白颊长臂猿可能已经功能性灭绝（Fan 和 Huo，2009；Fan 等，2013）。

野外种群保护及恢复措施包括加强北白颊长臂猿栖息地保护及巡护监测力度，做好自然保护区跨境联合保护工作，加强生态廊道建设，调整产业结构，转换经济增长模式，开展北白颊长臂猿重引入方面的科学研究等工作。

除在西双版纳野外重引入的数只北白颊长臂猿外，圈养北白颊长臂猿种群是目前国内唯一有可能永续发展的种群。圈养北白颊长臂猿管理首先是可以形成保障种群，实现圈养种群的永久生存；其次是可以满足野生动物公众教育、动物展示的需要；然后是形成野外种群的重要备份，通过管理逐渐壮大种群数量，为野外重引入提供优质的种质资源。结合上述需求开展相关的研究工作，如开展长臂猿生物学、生态学和遗传学的基础研究，提高圈养北白颊长臂猿的保育管理水平，促进野外保护研究与圈养管理研究的有机统一、协同发展，可以最终实现北白颊长臂猿的野外复壮。

（2）种群管理的目标　现有已鉴定为无杂交污染的圈养北白颊长臂猿个体仅 48 只，种群数量较少，奠基者仅 16 只，基因多样性为 94.9%，属小种群，种群可持续发展难度极高。因此，确定 5 年工作目标是尽可能增加种群数量，促进更多潜在奠基者繁育后代，通过 5 年管理，按照 20% 的配对成功率计算，种群数量由 48 只增加到 55 只，增长率为 14.58%，100 年的遗传多样性维持率为 87.2%，为今后的管理提供一定的种群规模，且种群由遗传价值较高的个体组成。

在开展现有种群管理的同时，对未鉴定种类的长臂猿继续开展鉴定工作，区分纯种个体与杂交污染个体。物种鉴定方法采取形态学鉴定、核型分析结合单核苷酸多态性分析（SNPs）。所有鉴定个体必须按国家林业和草原局指定的芯片进行标记，建立无杂交污染的北白颊长臂猿种群，然后逐步完善管理规划。

当种群数量逐渐扩大，达到一定数量（如 200 只以上）时，考虑开展野外重引入北白颊长臂猿种群的工作。

参与圈养北白颊长臂猿合作繁育的机构是已签约参与中国动物园协会圈养北白颊长臂猿种群管理的所有机构。现有 13 家机构保育圈养北白颊长臂猿，分别是：澳门市政署（1.0.0）（雄性数量．雌性数量．未知性别个体数量）、北京绿野晴川动物园有限公司（2.0.0）、长沙生态动物园（1.0.0）、重庆动物园（2.2.2）、个旧宝华公园（5.3.1）、广州动物园（2.1.0）、昆明动物园（3.3.0）、南宁市动物园（0.3.0）、宁波雅戈尔动物园（1.3.0）、深圳野生动物园（1.1.2）、天津动物园（2.2.1）、济南动物园（1.1.0）、烟台南山动物园（2.0.0），总计圈养北白颊长臂猿 48 只（24.18.6）。其他机构饲养的长臂猿个体需要先进行物种鉴定，经确认后再加入北白颊长臂猿种群管理计划。

3. 谱系数据的收集、整理、录入和验证

调查截止时间为 2018 年 11 月 1 日。会员机构对圈养北白颊长臂猿的需求是种群的可持续生存与展示，并愿意保育更多的个体。

可供配对的个体年龄在 6～30 岁（表 2-5），总数为 39 只（21.16.2）。不适宜配对的个体谱系号为 131（济南动物园），主要原因是该个体体质较弱。

表 2-5 可供配对的长臂猿个体年龄结构

年龄(岁)	谱系号				雄性数量(只)	雌性数量(只)	谱系号			
30					0	0				
29				131	1	1	132			
28				18	1	0				
27			186	2	2	0				
26				28	1	0				
25				130	1	1	129		89	
24	327	30	29	16	4	1	13			
23					0	1	50			
22					0	1	153			
21				180	1	0				
20					0	1	53			
19					0	0				
18					0	0				
17			190	104	2	3	103	105	337	
16					0	1	114			
15					0	0				
14				115	1	1	529			
13			224	193	2	0				
12			531	116	2	1	515			
11					0	1	133			
10					0	2	196	197		
9					0	0				
8		209	205	15	3	1	532			
7					0	0				
6					0	0			348	
合计					21	16				

数据验证：使用 SPARKS 软件对所有数据进行分析，无逻辑性错误。

4. 北白颊长臂猿的种群特征

北白颊长臂猿种群个体数量少，现收集的信息中存活个体仅 48 只，其中雄性 24 只，雌性 18 只，未知性别 6 只。育龄个体也较少，根据统计数据，北白颊长臂猿繁殖年龄 6～30 岁，有繁育能力或潜在繁育能力的个体 39 只，其中雄性 21 只，雌性 16 只，另外 2 只还没有对性别进行鉴定。

现存 48 只个体分布在国内 13 家保育机构，其中有 7 家机构处于孤雌或者孤雄状况，不能实现后代的繁育；4 家机构有繁育的历史，但现有的个体因年龄等原因，不适合配对和繁育；另 3 家机构近年有繁育记录，但后代已存在近亲繁育的风险，不利于种群的可持续发展。有繁育记录的个体为 14 只，雄性 8 只（谱系号分别为 16、18、104、130、131、180、186、190），雌性 6 只（谱系号分别为 13、103、114、132、133、153）。

原有繁殖成功配对 6 个：13×18（个旧宝华公园）、114×16（个旧宝华公园）、103×104（重庆动物园）、132×131（济南动物园）、153×152（宁波雅戈尔动物园）、133×190（天津动物园）

5. 种群统计学与遗传学特征

因北白颊长臂猿种群个体较少，本次种群管理计划尽量对每一只个体提出配对繁育建议，特别是潜在奠基者，将 SPARKS 的谱系数据输出至 PMx 软件，进行统计分析和评估。

（1）种群统计学特征 北白颊长臂猿 6～30 岁为繁殖年龄；种群增长率 $\lambda = 0.992$，现种群呈下降趋势；世代周期 $T = 16.1$ 年。适龄繁殖个体较多，有繁育能力或潜在繁育能力的个体 39 只，其中雄性 21 只，雌性 16 只，未知性别 2 只；后备繁殖个体 10 只，其中雄性 3 只，雌性 2 只，未知性别 5 只。现有繁殖配对较少，仅有 6 个配对，已进行繁殖但繁殖数量较少，总数为 24 只，其中雄性 11 只，雌性 7 只，未知性别 6 只，总体增长不稳定，且种群规模增长速率低。

（2）种群遗传学特征 血统已知 99%。奠基者 12 只（♂16、18、104、130、131、180、186、190，♀13、103、132、153），潜在奠基者 13 只（♂2、28、29、30、327、215，♀50、53、105、129、337、515、89），存活后代 24 只（♂15、115、116、193、205、209、224、360、471、505、531，♀114、133、196、197、255、529、532、64、348、358、486、487、527）。目前种群遗传多样性保持率为 94.93%；平均亲缘关系值 $MK = 0.0507$；平均近交系数 $F = 0$。奠基者基因贡献（founder contribution）为 0.5～2.75、奠基者后代（living descendants）24 只、奠基者基因保留量（founder genomens surviving）为 12.84。MSI 矩阵分析图见图 2-2。

6. 种群规模（目标）与配对

根据北白颊长臂猿现有种群规模较少、遗传多样性相对较低的情况，提出

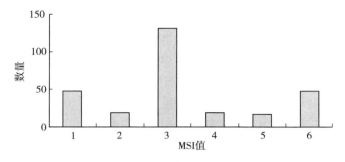

图 2 - 2　北白颊长臂猿种群 MSI 矩阵分析

注：MSI 值指适宜配对指数，适宜配对指数显示某个繁殖配对对种群遗传多样性保存的
利益和伤害。"1"代表很有利；"2"代表有利；"3"代表稍微有利；"4"代表稍微有害；
"5"代表有害；"6"代表很有害。数量是指在该数值上可能的配对数量（对）。

5 年工作目标：尽可能增加种群个体数量，促使更多潜在奠基者繁殖并留下后
代，力求个体数量达到 55 只，为今后的管理提供一定的种群规模，并保持较
高的遗传多样性。考虑物种的濒危程度，建议实行长期目标引导，制定短期可
操作规划来进行管理。

7. 5 年管理目标

尽可能选择潜在奠基者参与配对，尽可能让野外引入个体进行繁育，从而
最大限度地保留种群的遗传多样性；通过 5 年管理，种群数量由 48 只增加到
55 只，增长率为 14.58%，50 年的遗传多样性保持在 83.1%。最大限度地促
进北白颊长臂猿繁殖，扩大种群规模；兼顾遗传价值与繁育质量，促进种群由
遗传健康的个体组成。继续其他未知个体的物种鉴定，挑选没有杂交污染的个
体进入管理种群，鼓励通过合法途径引进北白颊长臂猿，确定其遗传特征，扩
大种群数量，让种群拥有更多的奠基者，优化种群结构。

8. 影响繁殖的因素与解决办法

北白颊长臂猿是一雄一雌的配对机制，具有高度的择偶性，存在雄性替代
的现象，通常由雌性选择雄性。笼养情况下，可以采取试配模式，参照雌雄长
臂猿的鸣叫和理毛等行为，尝试配对，直到形成稳定的配对（需要一段时间的
适应和调整）；调查种群中是否存在不孕不育、流产和死胎、分娩后弃仔等现
象，了解其中的原因，研究其解决措施，如北白颊长臂猿中存在弃仔的现象，
可能是繁育环境或营养等因素造成，需要进行保育机构之间的交流和合作研
究，采取适当的解决措施。由北白颊长臂猿 CCP 工作组推荐相应的日粮配方
及示范繁育笼舍，同时尝试利用人工育幼技术哺育种群中遗弃的幼龄个体；研

究和开发精确快速的妊娠检测方法，对妊娠长臂猿进行精准管理。长臂猿的主要疾病是流行性感冒、乙型肝炎、结核病、疱疹病毒感染以及肠道疾病，需要对长臂猿的疾病进行防控。影响北白颊长臂猿繁育的因素还包括行为管理等因素，可以通过动物丰容、行为训练以及保育机构之间的交流合作，来提高和完善种群管理水平。

鉴于北白颊长臂猿这一物种极度濒危，圈养种群目前处于衰退状态，建议建立北白颊长臂猿种质资源库，特别是对于已过繁殖期的老龄个体。

9. 配对挑选

配对挑选的原则是尽可能把雌性繁殖个体都纳入配对计划。调整繁殖配对尽可能选择在原地或地域距离较近的机构之间进行，尽可能选择在有较好繁育条件、积累有一定繁殖经验和保育技术的机构进行配对繁殖。尽可能让在遗传上有较高价值的年龄偏大的动物尽快参与繁殖。排除不能繁殖的个体。按照PMx软件推荐的繁殖计划，通过5年管理，按照20%的配对成功率计算，增长率为14.58%，种群数量由48只增加到55只，从2019年开始，5年内必要的出生数量和配对数量如图2-3所示。

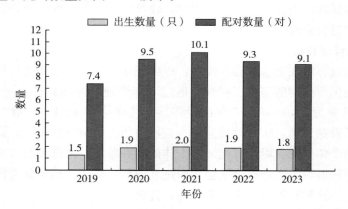

图2-3　北白颊长臂猿5年规划期内必要的出生数量和繁育配对数量

10. 种群报告和配对建议（2019年）

（1）配对情况　北白颊长臂猿的配对情况和建议见表2-6。

表2-6　北白颊长臂猿的配对情况和配对建议

序号	谱系号		近交系数	MSI	地点	备注
	父	母				
1	327	337	0.000 0	1	南宁市动物园	327调入或合作繁殖
2	2	153	0.000 0	4	宁波雅戈尔动物园	2调入或合作繁殖

（续）

序号	谱系号 父	谱系号 母	近交系数	MSI	地点	备注
3	18	13	0.000 0	5	个旧宝华公园	园内配对
4	16	114	0.000 0	6	个旧宝华公园	园内配对
5	28	515	0.000 0	1	昆明动物园	园内配对
6	29	215	0.000 0	1	昆明动物园	园内配对
7	30	255	0.000 0	6	昆明动物园	园内配对
8	180	50	0.000 0	1	南宁市动物园	180 调入或合作繁殖
9	180	53	0.000 0	1	南宁市动物园	180 调入或合作繁殖
10	104	103	0.000 0	2	重庆动物园	园内配对
11	130	105	0.000 0	1	重庆动物园	130 调入或合作繁殖
12	348	129	0.000 0	4	广州动物园	348 调入或合作繁殖
13	531	132	0.000 0	2	济南动物园	531 调入或合作繁殖
14	193	133	0.000 0	4	天津动物园	园内配对
15	190	197	0.000 0	4	天津动物园	园内配对
16	224	196	0.000 0	5	广州动物园	196 调入或合作繁殖
17	360	529	0.000 0	4	宁波雅戈尔动物园	360 调入或合作繁殖
18	360	532	0.000 0	4	宁波雅戈尔动物园	360 调入或合作繁殖

（2）需要移动的个体　为了促进北白颊长臂猿的配对繁殖，需要移动的个体建议见表 2-7。

表 2-7　需要移动的个体建议

谱系号	原地点	性别	年龄（岁）	建议	新地点	繁殖建议	建议配偶（谱系号）	备注
2	长沙生态动物园	雄	27	输出	宁波雅戈尔动物园	配对	153	输出或合作繁殖
130	广州动物园	雄	25	输出	重庆动物园	配对	105	输出或合作繁殖
180	北京野生动物园	雄	21	输出	南宁市动物园	配对	50	输出或合作繁殖
196	深圳野生动物园	雌	10	输出	广州动物园	配对	224	输出或合作繁殖
327	澳门石排湾公园	雄	24	输出	南宁市动物园	配对	337	输出或合作繁殖
348	深圳野生动物园	雄	6	输出	广州动物园	配对	129	输出或合作繁殖
360	济南动物园	雄	4	输出	宁波雅戈尔动物园	配对	529/532	输出或合作繁殖
531	宁波雅戈尔动物园	雄	12	输出	济南动物园	配对	132	输出或合作繁殖

（3）个体建议（全体）　为了促进圈养北白颊长臂猿种群的可持续发展，对每个北白颊长臂猿个体的管理建议见表2-8。

表2-8　北白颊长臂猿个体管理建议

谱系号	原地点	性别	年龄（岁）	建议	新地点	繁殖建议	建议配偶（谱系号）	备注
2	长沙生态动物园	雄	27	输出	宁波雅戈尔动物园	配对	153	输出或合作繁殖
13	个旧宝华公园	雄	24	保留		配对	18	园内配对
15	个旧宝华公园	雄	8	保留				
16	个旧宝华公园	雄	24	保留		配对	114	园内配对
18	个旧宝华公园	雄	28	保留		配对	13	园内配对
28	昆明动物园	雄	26	保留		配对	515	园内配对
29	昆明动物园	雄	24	保留		配对	215	园内配对
30	昆明动物园	雄	24	保留		配对	255	园内配对
50	南宁市动物园	雄	23	保留		配对	180	引进或合作繁殖
53	南宁市动物园	雄	20	保留		配对	180	引进或合作繁殖
64	重庆动物园	雄	4	保留				性别鉴定
103	重庆动物园	雄	17	保留		配对	104	园内配对
104	重庆动物园	雄	17	保留		配对	103	园内配对
105	重庆动物园	雄	17	保留		配对	130	引进或合作繁殖
114	个旧宝华公园	雄	17	保留		配对	16	园内配对
115	个旧宝华公园	雄	14	保留				
116	个旧宝华公园	雄	13	保留				
129	广州动物园	雄	25	保留		配对	348	引进或合作繁殖
130	广州动物园	雄	25	输出	重庆动物园	配对	105	输出或合作繁殖
131	济南动物园	雄	29	保留				
132	济南动物园	雄	29	保留		配对	531	引进或合作繁殖
133	天津动物园	雄	12	保留		配对	197	园内配对
153	宁波雅戈尔动物园	雄	22	保留		配对	2	引进或合作繁殖
180	北京野生动物园	雄	21	输出	南宁市动物园	配对	50	输出或合作繁殖
186	深圳野生动物园	雄	27	保留				
190	天津动物园	雄	18	保留		配对	197	园内配对
193	天津动物园	雄	14	保留		配对	133	园内配对

（续）

谱系号	原地点	性别	年龄（岁）	建议	新地点	繁殖建议	建议配偶（谱系号）	备注
194	重庆动物园	雄	13	保留		配对	130	引进或合作繁殖
196	深圳野生动物园	雄	10	输出	广州动物园	配对	224	输出或合作繁殖
197	天津动物园	雄	11	保留		配对	190	园内配对
205	烟台南山公园	雄	8	保留				
209	重庆动物园	雄	8	保留				
215	昆明动物园	雄	4	保留		配对	29	园内配对
224	广州动物园	雄	14	保留		配对	196	引进或合作繁殖
255	昆明动物园	雄	6	保留		配对	30	园内配对
327	澳门石排湾公园	雄	24	输出	南宁市动物园	配对	337	输出或合作繁殖
337	南宁市动物园	雄	17	保留		配对	327	引进或合作繁殖
348	深圳野生动物园	雄	6	输出	广州动物园	配对	129	输出或合作繁殖
358	深圳野生动物园	雄	4	保留				性别鉴定
360	济南动物园	雄	4	输出	宁波雅戈尔动物园	配对	529/532	输出或合作繁殖
471	个旧宝华公园	雄	3	保留				
486	重庆动物园	雄	1	保留				性别鉴定
487	天津动物园	雄	1	保留				性别鉴定
505	北京野生动物园	雄	3	保留				
515	昆明动物园	雄	12	保留		配对	28	园内配对
527	个旧宝华公园	雄	0	保留				
529	宁波雅戈尔动物园	雄	14	保留		配对	360	引进或合作繁殖
531	宁波雅戈尔动物园	雄	12	输出	济南动物园	配对	132	输出或合作繁殖
532	宁波雅戈尔动物园	雄	8	保留		配对	360	引进或合作繁殖

　　（4）个体建议（机构）　为了促进圈养北白颊长臂猿种群的科学发展，对每个北白颊长臂猿保育机构的管理建议见表 2-9。

表 2-9 北白颊长臂猿个体保育机构的管理建议

谱系号	地点	性别	年龄（岁）	建议	新地点	配对对象	备注
澳门石排湾公园							
机构内动物							
327	澳门石排湾公园	♂	24	输出	南宁市动物园	337	合作繁殖（南宁市动物园）

繁育建议：输出个体至南宁市动物园进行繁殖，不再保育北白颊长臂猿，南宁市动物园输出其他动物进行展示，双方产权不变

谱系号	地点	性别	年龄（岁）	建议	新地点	配对对象	备注
北京野生动物园							
机构内动物							
180	北京野生动物园	♂	21	输出	南宁市动物园	50/53	输出至南宁市动物园，南宁市动物园提供给北京野生动物园另外一只长臂猿进行展示
505	北京野生动物园	♂	3	持有			暂时保留

繁育建议：输出至南宁市动物园，南宁市动物园提供给北京野生动物园另外一只其他种类长臂猿进行展示，双方产权不变

谱系号	地点	性别	年龄（岁）	建议	新地点	配对对象	备注
长沙生态动物园							
机构内动物							
2	长沙生态动物园	♂	27	输出	配对	153	合作繁殖（宁波雅戈尔动物园）

繁育建议：长沙生态动物园输出至宁波雅戈尔动物园进行合作繁殖，如 3 年配对不成功，27 将不再列入繁殖配对计划，153 重新寻找配偶，宁波雅戈尔动物园需将岛上的雌性北白颊长臂猿转移至封闭的网笼保育，考虑到宁波雅戈尔动物园雌性北白颊长臂猿未有繁育史，且为适龄繁育个体，建议加强饲料、丰容、笼舍环境等方面的管理，必要时探索人工哺育技术，确保繁育后代能存活

谱系号	地点	性别	年龄（岁）	建议	新地点	配对对象	备注
重庆动物园							
机构内动物							
64	重庆动物园	未知	3	持有			尽快确定性别
103	重庆动物园	♀	17	持有	配对	104	园内配对
104	重庆动物园	♂	17	持有	配对	103	园内配对
105	重庆动物园	♀	17	持有	配对	130	合作繁殖（广州动物园）
209	重庆动物园	♂	8	持有			暂时保留

（续）

谱系号	地点	性别	年龄（岁）	建议	新地点	配对对象	备注
486	重庆动物园	未知	1	持有			尽快确定性别
计划迁往本机构的动物							
130	广州动物园	♂	25	输出	配对	105	合作繁殖

繁育建议：重庆动物园有良好的北白颊长臂猿繁育记录，105 没有繁育主要是因为没有合适的雄性北白颊长臂猿，且正处于适龄繁育期。考虑到雌性北白颊长臂猿可能出现不哺育后代的可能，建议探索人工哺育技术，确保繁育后代能存活

个旧宝华公园

机构内动物

谱系号	地点	性别	年龄（岁）	建议	新地点	配对对象	备注
13	个旧宝华公园	♀	24	持有	配对	18	园内配对
15	个旧宝华公园	♂	8	持有			
16	个旧宝华公园	♂	24	持有	配对	114	园内配对
18	个旧宝华公园	♂	28	持有	配对	13	园内配对
114	个旧宝华公园	♀	16	持有	配对	16	园内配对
115	个旧宝华公园	♂	14	持有			
116	个旧宝华公园	♂	12	持有			
471	个旧宝华公园	♂	3	持有			
527	个旧宝华公园	未知	0	持有			尽快确定性别

繁育建议：具有较多的北白颊长臂猿个体，有良好的繁育记录，未见流产和弃哺现象。该园雄性个体较多，建议输出到其他机构进行合作繁育，双方产权不变

广州动物园

机构内动物

谱系号	地点	性别	年龄（岁）	建议	新地点	配对对象	备注
129	广州动物园	♀	25	持有	配对	348	合作繁殖（深圳野生动物园）
130	广州动物园	♂	25	输出	配对	105	合作繁殖（重庆动物园）
224	广州动物园	♂	13	持有	配对	196	合作繁殖（深圳野生动物园）
计划迁往本机构的动物							
196	深圳野生动物园	♀	10	输出	配对	224	合作繁殖（深圳野生动物园）

（续）

谱系号	地点	性别	年龄（岁）	建议	新地点	配对对象	备注
348	深圳野生动物园		6	输出	配对	129	合作繁殖（深圳野生动物园）

繁育建议：129 有多次咬伤其他长臂猿的记录，一直未见发情和繁育，配对需谨慎。130 未有配对记录，可输出配对。224 为笼养繁育，机体健康活泼。196 没有配对记录，为笼养繁育，有明显的发情现象，建议尝试配对。广州动物园有多次繁育历史，但弃哺现象较多。考虑到雌性长臂猿可能出现不哺育后代的可能，建议探索人工哺育技术，确保繁育后代能存活。129 建议配对深圳野生动物园雄性北白颊长臂猿

					昆明动物园		

机构内动物

28	昆明动物园	♂	24	持有	配对	515	园内配对
29	昆明动物园	♂	24	持有	配对	215	园内配对
30	昆明动物园	♂	26	持有	配对	255	园内配对
215	昆明动物园	♂	4	持有	配对	29	园内配对
255	昆明动物园	♀	5	持有	配对	30	园内配对
515	昆明动物园	♀	12	持有	配对	28	园内配对

繁育建议：昆明动物园有较多的北白颊长臂猿个体，有良好的长臂猿繁育记录，有弃哺的现象，但能人工哺育成活。主要的问题是雄性多，雌性少，笼舍紧张。建议调整长臂猿笼舍，尽可能供北白颊长臂猿繁育

					南宁市动物园		

机构内动物

50	南宁市动物园	♀	23	持有	配对	180	合作繁殖（北京野生动物园）
53	南宁市动物园	♀	20	持有	配对	180	合作繁殖（北京野生动物园）
337	南宁市动物园	♀	17	持有	配对	327	合作繁殖（澳门石排湾公园）

计划迁往本机构的动物

| 327 | 澳门石排湾公园 | ♂ | 24 | 输出 | 配对 | 337 | 澳门石排湾公园调入 |
| 180 | 北京野生动物园 | ♂ | 21 | 输出 | 配对 | 50/53 | 北京野生动物园调入或合作繁殖，需调出一只长臂猿给北京野生动物园进行展示 |

（续）

谱系号	地点	性别	年龄（岁）	建议	新地点	配对对象	备注

繁育建议：南宁市动物园有较多的雌性北白颊长臂猿个体，但没有雄性个体，有良好的长臂猿繁育记录，有弃哺的现象，但能人工哺育成活。主要的问题是没有雄性个体，笼舍紧张。每只个体都有繁育史

<table>
<tr><td colspan="8" align="center">宁波雅戈尔动物园</td></tr>
<tr><td colspan="8">机构内动物</td></tr>
<tr><td>153</td><td>宁波雅戈尔动物园</td><td>♀</td><td>22</td><td>持有</td><td>配对</td><td>2</td><td>合作繁殖
（长沙生态动物园）</td></tr>
<tr><td>531</td><td>宁波雅戈尔动物园</td><td>♂</td><td>11</td><td>输出</td><td>配对</td><td>132</td><td>合作繁殖
（济南动物园）</td></tr>
<tr><td>532</td><td>宁波雅戈尔动物园</td><td>♀</td><td>7</td><td>持有</td><td>配对</td><td>360</td><td>合作繁殖
（济南动物园）</td></tr>
<tr><td colspan="8">计划迁往本机构的动物</td></tr>
<tr><td>2</td><td>长沙生态动物园</td><td>♂</td><td>27</td><td>输出</td><td>配对</td><td>153</td><td>合作繁殖</td></tr>
<tr><td>360</td><td>济南动物园</td><td>♂</td><td>4</td><td>输出</td><td>配对</td><td>529/532</td><td>合作繁殖</td></tr>
</table>

繁育建议：有良好的繁育记录，没有弃哺和流产的现象。建议将岛上的北白颊长臂猿迁回封闭笼舍进行饲养，便于管理。迁入多个雄性个体进行试配，如试配不成功，可调换

<table>
<tr><td colspan="8" align="center">深圳野生动物园</td></tr>
<tr><td colspan="8">机构内动物</td></tr>
<tr><td>186</td><td>深圳野生动物园</td><td>♂</td><td>27</td><td>持有</td><td></td><td></td><td>暂时保留</td></tr>
<tr><td>196</td><td>深圳野生动物园</td><td>♀</td><td>10</td><td>输出</td><td>配对</td><td>224</td><td>合作繁殖
（广州动物园）</td></tr>
<tr><td>348</td><td>深圳野生动物园</td><td>♂</td><td>6</td><td>输出</td><td>配对</td><td>129</td><td>合作繁殖
（广州动物园）</td></tr>
<tr><td>358</td><td>深圳野生动物园</td><td>未知</td><td>4</td><td>持有</td><td></td><td></td><td>暂时保留</td></tr>
</table>

繁育建议：有良好的繁育记录，没有弃哺和流产的现象

<table>
<tr><td colspan="8" align="center">天津动物园</td></tr>
<tr><td colspan="8">机构内动物</td></tr>
<tr><td>133</td><td>天津动物园</td><td>♀</td><td>11</td><td>持有</td><td>配对</td><td>193</td><td>园内配对</td></tr>
<tr><td>190</td><td>天津动物园</td><td>♂</td><td>17</td><td>持有</td><td>配对</td><td>197</td><td>园内配对</td></tr>
<tr><td>193</td><td>天津动物园</td><td>♂</td><td>13</td><td>持有</td><td>配对</td><td>133</td><td>园内配对</td></tr>
</table>

（续）

谱系号	地点	性别	年龄（岁）	建议	新地点	配对对象	备注
197	天津动物园	♀	10	持有	配对	190	园内配对
487	天津动物园	未知	1	持有			暂时保留

繁育建议：笼舍设施良好，动物达到繁育适龄。如天津动物园133与190已配对成功，有后代487，而该动物园193、197可以作为潜在的候选配对雄性。197与193配对，已处于妊娠期，但因其为兄妹，后期不建议进行配对，可参考以上和济南动物园132进行合作繁殖配对

				济南动物园			
机构内动物							
131	济南动物园	♂	29	持有			暂时保留
132	济南动物园	♀	29	持有	配对	531	合作繁殖（宁波雅戈尔动物园）
360	济南动物园	♂	3	输出	配对	529/532	合作繁殖（宁波雅戈尔动物园）
计划迁往本机构的动物							
531	宁波雅戈尔动物园	♂	12	输出	配对	132	合作繁殖

繁育建议：笼舍设施良好，其长臂猿稳定繁育并成活，有较好的长臂猿繁育经验，建议继续配对繁育

				烟台南山公园			
机构内动物							
205	烟台南山公园	♂	8	持有			暂时保留

其他饲养机构：1. 应尽快鉴定疑似北白颊长臂猿个体是否存在杂交污染；

2. 杂交个体不进行任何形式的繁殖配对；

3. 杂交个体可以借展给其他具备饲养长臂猿条件的机构，但必须形成孤雌、孤雄群体，产权不变，借展及合作方式双方自行商定，不能收取租借的费用；

4. 接收借展个体的机构对借展个体不能进行任何形式的繁殖

繁育建议：尽快对其他所有疑似个体进行种类鉴定，确认是否存在杂交污染，便于种群的管理

四、长臂猿的繁殖管理

目前国内对圈养长臂猿的繁殖研究，以南黄颊长臂猿最为成熟，在此也以南黄颊长臂猿为例，介绍圈养长臂猿的繁殖管理。

（一）繁殖生理

1. 配对

南黄颊长臂猿配对选择性非常强，不管是行为变化，还是身体部位的变化，甚至于表情、鸣叫声调的变化，都能够反映出雌雄个体间是否能够成功配对。配对成功的南黄颊长臂猿主要有以下六种表现：眼神表现出友好、主动靠近对方、相互理毛、雌雄"二重唱"、雌性发情时向雄性抖动身体、有交配行为。

亚成体南黄颊长臂猿合笼比成年更容易些，因为亚成体之间发生攻击行为较少，只要能够隔网出现相互靠近、理毛现象，即可合笼。成年南黄颊长臂猿合笼时一般要处于相互理毛和发生二重唱行为一段时间之后才能选择合笼。合笼时注意观察两者的表现，初次合笼可能会出现打斗行为，但是打斗并不意味着不能配对。切记不可一旦出现打斗就立即分开，要根据打斗程度做出有效判断，除打斗行为以外还要观察其他行为和现象，要综合考虑各种因素来决定是否分笼。

值得注意的是，南黄颊长臂猿合笼成功并不意味着配对成功，配对成功也并不意味着能够成功繁殖。在人工饲养条件下，如果两只南黄颊长臂猿相互之间没有打斗行为，而且能够饲养在一起，只能说明两者关系比较融洽，并不能说明配对成功。要确定是否配对成功，应结合本文所总结的六种表现综合考虑。配对成功并不能确定一定会繁衍下一代，还要看交配后的受孕情况。在人工饲养条件下曾经出现过配对成功但未受孕的情况，如果遇到这种情况，经过一年的时间仍未成功受孕的要考虑重新进行配对，以免耽误时间，错过南黄颊长臂猿的最佳繁育年龄，浪费动物资源。

2. 性成熟

野生南黄颊长臂猿的性成熟年龄大约为 6.5 岁，第一次繁殖在 6～9 岁，生殖间隔时间为 2.5～3 年（Tenaza，1975；Mitani，1987）。野外研究发现，南黄颊长臂猿一年四季均可发情繁殖，但交配高峰主要出现在 9—11 月。在笼养条件下，南黄颊长臂猿的性成熟年龄有所提前，第一次繁殖可提前至 5～6岁。虽然也表现为一年四季发情繁殖，但是交配高峰不明显，季节差异不显著，夏季高温时交配行为多集中在早晨和傍晚，中午不交配。

南黄颊长臂猿在野外是严格的一夫一妻制，与其子女共同呈家庭式群居生活。在笼养条件下，应当遵循其野外自然规律，每笼按照一雄一雌的配比饲养。但是笼养受到空间、环境条件的限制，某些家庭出现雄性少雌性多的情况，会使雌性错过发情、繁殖时期，此种情况也可以按照雄性和雌性比例为

1∶2进行配比。为提高繁殖率，尽快扩大种群，可人为地在雌性妊娠后期就把雄性与雌性分开，并将雄性与第二只雌性合笼，直到第二只雌性妊娠后期再将雄性与第二只雌性分开，此时第一只雌性所生幼猿断奶之后，该雄猿可与第一只雌性重新合笼继续繁殖。但此种措施对于幼猿的行为发育存在不良影响，因此仅建议急需扩大种群时使用。南黄颊长臂猿最佳的群体结构仍是一夫一妻，与其子女共同构成。因此，建议在扩大后备种群时，应调整好南黄颊长臂猿的性别比例，使其在适龄繁育期正常繁殖。

3. 发情季节及发情表现

圈养南黄颊长臂猿一年四季均可发情，无季节限制。雌性在成年后发情表现为身体抖动，阴门潮湿、微张开，臀部抬起并主动靠近雄性。

4. 月经周期

南黄颊长臂猿月经周期为24～28d，月经期持续1～2d，偶尔能观察到经血，明显程度因个体而异。

（二）交配

南黄颊长臂猿的交配是雌性占主导地位，交配行为一般由雌性长臂猿发起，表现为雌性臀部抬起并主动接近雄性长臂猿，雄性配合。交配方式可以分为4步：雌性抬高臀部邀配—雄性接近雌性接受邀配—爬跨—休息。交配时一般采取悬挂式交配，交配姿势有"面对面"式，但一般为雄后雌前的"面对背"式。交配时，雌性臀部抬高，低头或转头回望雄性，前肢紧握周围树枝或其他固定物体，平衡自己身体，雄性则由背后靠近，悬挂于雌性身后，臀部相互贴紧，交配时间为3～60s。交配时雌性会发出低沉的叫声。交配过程容易受外界干扰，有异常声音会导致交配中断。交配结束时，雄性阴茎上有时可观察到透明精液。每天交配时间按照不同个体表现为固定或不固定，多集中于早晨和傍晚，中午很少交配，繁殖期每天交配次数为4～8次。

（三）妊娠

长臂猿从交配受孕到分娩的时间约为6.5个月。刚妊娠的雌性在外表上无法轻易判断，妊娠前期雌性的身体特征和食欲无明显变化，求偶现象减少，个别雌性会有明显的挑食行为，对日常饲喂的蔬菜、水果不予理睬，但会吃平时较少采食的食物，如香蕉、葡萄、红枣、奶片、鸡蛋糕等。妊娠中期，雌性长臂猿阴部不肿胀，逐步收缩，上腹部会有明显的隆起，背部变宽，腹部毛色及颊毛有光泽、变红，食量有所增加。在妊娠后期，腹部隆起的部位明显变大且会随着时间的推移不断沉降，乳房增大，乳头明显突出，尤其分娩前1～2d越发明显。妊娠后期雌性动作相对迟缓，活动量明显下降，跳跃距离变短，攀爬栖架、摆臂移动时动作会逐渐变慢。随着孕期向后期推进，雌性长臂猿腹部毛色及颊毛变红程度逐渐加深。产前几天雌性食量有所下降。

（四）分娩

野生雌性南黄颊长臂猿的妊娠期约 7 个月，产仔季节主要集中在 3—5 月，其中 4 月为产仔高峰期，而人工饲养情况下产仔没有高峰期。人工饲养条件下雌性（特别是初产雌性）在分娩前会有明显的临产反应：食欲下降或没有食欲，面部表情有些急躁，东张西望，坐卧不安，在栖架上走来走去，出现平时没有的异常姿势，面部表情伴有痛感等紧张情绪，有时会出现尿频等现象。雄性一般表现安静。

长臂猿分娩的时间一般在清晨安静的时候，所以很少能观察到分娩的全过程，可见胎盘、地面和巢箱或栖架上留有生产时的血迹，生产后雌性阴部潮湿并有新鲜血迹，2～3d 后阴部恢复干燥。雌性生产后，体质较弱，需要饲养员认真观察护理。要给雌性长臂猿饲喂易消化且有营养的食物，使其尽快恢复体力、哺育幼仔，并密切观察雌性哺育幼仔的情况。

（五）自然育幼

1. 哺乳

在野外，幼猿从出生至 1 月龄雌性长臂猿会一直将其抱在怀中哺乳，偶尔让其单独活动。在圈养条件下，刚出生的幼猿四肢紧紧抓住母亲的腹部长毛，眼睛紧闭，母亲会主动托举幼猿到乳头处，幼猿可在闭眼的情况下寻找并吮吸乳头，吃奶时间间隔为 0.5～1h。出生 2～3d 后幼猿可睁开眼睛。幼猿出生第 1 天皮肤呈粉红色，毛量稀少，皮肤褶皱，之后毛色会逐渐变成淡黄色。脐带在幼猿出生 2～3d 后干硬掉落。

在日活动中，雌性长臂猿通常让幼猿抱在其胸前一起活动。对幼猿的照顾需要花费雌性长臂猿较多的能量，因此取食和休息行为所占时间比例最高。而由于幼猿在生长发育初期时刻依赖于母亲，在一定程度上限制了雌性长臂猿的活动，使其不得不减少运动和游戏行为以便有更多的时间照顾幼猿。鸣叫往往是由雌性长臂猿发起，鸣叫的发起说明在此阶段雌性对外界的环境更敏感。

长臂猿的妊娠期与哺育期，视雌雄猿的性情表现确定是否要分笼饲养。如雌雄猿能融洽相处，雄性对雌性和幼猿有谦让和照顾行为，可不分笼饲养；如雌雄猿出现相互打斗、争抢食物或雄性强行交配等行为，应把雌雄猿分笼饲养。自然哺乳的长臂猿宜自主断奶，避免人工干预。

2. 断奶

圈养条件下幼猿断奶一般最早可在 1 岁左右，最好选择在春秋季节进行，此时温度比较适宜。幼猿断奶时宜与比其大 0.5～1.5 岁的亚成体合笼饲养，便于离开母亲独立生活。野外南黄颊长臂猿的繁殖间隔为 3～5 年，为了子代更好地向父母学习哺育、繁殖等行为，降低成年后的弃仔率，如亲猿没有明显的对子代的排斥行为，建议子代与亲猿的隔离时间可以延长到 3 岁，"亲眼目睹"下一只幼猿的出生过程，并学习相应的繁殖、哺育经验后再执行隔离。

（六）人工育幼

1. 人工育幼的评估

圈养条件下幼猿由亲猿自然哺乳是最好的方式，既利于幼仔的营养摄入，也利于其行为发育，所以一般不建议主动进行人工育幼工作。但如有以下情况时，可考虑进行人工育幼：一是母亲哺乳期内患重病或死亡；二是母亲产后虚弱，无乳或泌乳不足，无法正常哺育幼猿；三是母亲弃仔；四是母亲早产，或幼猿体质比较虚弱，需要特殊护理；五是母亲明显缺乏哺乳经验或有伤害幼猿的行为，幼猿生命受到威胁。

在确定要采取人工育幼前，须对幼猿、雌性长臂猿的情况进行全面的观察和评估，如了解雌性是初产还是经产，母性如何；观察评估雌性产后的体质情况，雌性抱仔的姿势和泌乳的情况；观察评估幼猿的活力和健康情况，检查是否有伤，是否能吸吮到母乳。此外，由于长臂猿是营家庭式的群居动物，所以还要观察群体中其他个体对雌性和幼猿的影响。

2. 人工育幼的条件

（1）准备工作　准备 1 间安静、洁净的育幼室，育幼室须配备育幼箱、毛巾、称、体温计、奶瓶、鲜奶或奶粉、热水、热水袋、温度计、湿度计、纱布、酒精棉等育幼用品、用具。

（2）处理步骤　①将育幼箱开启，调好育幼所需温度，确认育幼箱运转正常后，在箱内铺好毛巾；②取出幼猿，用毛巾或暖水袋包裹幼猿（避免幼猿体温下降），并立即把幼猿转移到育幼室；③检查幼猿是否有外伤等异常情况，如果有异常，要及时通知兽医进行处理，若是出生即取出育幼的幼猿，还须对脐带进行处理；④对幼猿全身进行擦拭，若幼猿身体较脏，用温水进行洗浴（水温在 38～40℃，时间不超过 5min），洗后及时用毛巾擦干，并用吹风机吹干后方能放入育幼箱；⑤给幼猿称重、测体温；⑥根据幼猿的体重、活力等情况配备乳液和哺乳。

（3）环境温湿度的监控　随着幼猿日龄的增长，要相应地调整育幼箱的温度。箱温的调整要逐步进行，避免温度骤降，以防温度突然降低幼仔无法适应而发生意外。育幼环境温湿度变化见表 2 - 10。

表 2 - 10 长臂猿人工育幼环境温湿度

幼猿日龄	育幼箱温度 （℃）	育幼箱湿度 （%）	日龄	育幼箱温度 （℃）	育幼箱湿度 （%）
1 周龄	32	60～80	8 周龄	28	60～80
2 周龄	31.5	60～80	9 周龄	27.5	60～80
3 周龄	30.5	60～80	10 周龄	27	60～80
4 周龄	30	60～80	11 周龄	26.5	60～80
5 周龄	29.5	60～80	12 周龄	26	60～80
6 周龄	29	60～80	3～6 月龄	23～26	50～70
7 周龄	28.5	60～80	7～12 月龄	环境温度	环境湿度

3. 人工哺育技术

（1）喂奶技巧　如果幼猿身体虚弱无法自行吸奶或不会吮吸奶瓶，则可以先用注射器套奶嘴，待幼猿能自主吸奶嘴后再改为奶瓶哺喂。每次哺喂完毕，须将奶具放入消毒柜内进行消毒，或放入高压锅内煮沸消毒。使用注射器喂奶时，要注意控制奶的流速和喂奶量，以及注射器的推进速度和奶嘴的开口大小，以防幼猿呛奶。奶温必须高于幼猿体温，一般控制在 36～37℃。

喂奶前饲养员要将手洗净，喂奶时要一手托住幼猿的后脑，一手拿奶瓶，且奶水要充盈奶嘴。整个喂奶过程需根据幼猿的吸吮及吞咽情况适时暂停，以防幼猿吸吮速度太快而发生呛奶。哺喂完幼猿后要及时拔出奶瓶，以防幼猿吸入过多空气。喂完奶后，要轻拍幼猿背部，防止吐奶。喂奶结束后，用浸过温水的纱布擦拭幼猿的肛门处，以刺激其排便。

（2）喂奶量与喂奶次数　人工乳可使用婴幼儿羊奶粉调制（表 2 - 11）。喂奶量和喂奶次数根据幼猿的体重及生长发育情况进行适当调整，每天喂奶总量应为幼猿体重的 7%～20%。初始哺乳时，由于幼猿对奶具和奶液的不适应，应采取少喂多餐的方式，1～30 日龄每天喂奶 7～8 次，30～90 日龄减为每天 5～6 次，90 日龄后减为每天 4～5 次，以后根据幼猿体重的增长情况逐渐减少喂奶次数，增加每次的喂奶量，并可根据幼猿的消化吸收及生长发育情况适当调整奶的浓度。在自然哺乳行为中，哺乳的频次和时间随着幼猿日龄的增长呈现递减的趋势，2 周龄内每天吮乳（7.6±1.3）次，每次持续时间为（4.16±1.96）min；到 4 周龄后，每天吮乳（2.3±0.8）次，每次持续时间为（1.63±0.72）min（黄翠红等，2014）。1 周龄后可在人工乳中添加米糊、米糊的添加量随着幼猿日龄的增长逐步增加；2月龄后可少量添加果汁或果泥，以后逐渐过渡到投喂成块水果。同时，随着幼猿摄入米糊、米饭、水果等辅食的增加，应逐渐减少奶量直至断奶。

表 2-11　婴幼儿羊奶粉（以 100mL 计）

蛋白质 (g)	脂肪 (g)	碳水化合物 (g)	亚油酸 (g)	钙 (mg)	磷 (mg)	热量 (kJ)
11.9	24.5	57	1.90	359	211	2 112

（3）体尺测量　人工哺育的前 3 个月内，每天固定时间对幼猿进行称重，每周测量一次体长、四肢长、头围等相关的体尺指标；3 个月后每 1~2 周在固定时间进行称重和测量。长臂猿幼猿的体重与日龄成正相关关系，拟合的线性关系为 $y=65.282x+531.850$，$R^2=0.974\ 7$。50 日龄、125 日龄前后为日增重最快的两个时期，这两个时期可能是长臂猿幼猿的快速生长期，应注意幼猿的饮食。幼猿各部位体尺均显示出增长趋势，手臂长、体长在持续增长，手掌长、腿长和脚长后期增长较稳定（俞红燕等，2018 年）。图 2-4 和图 2-5 为两例人工育幼条件下的幼猿体重增长记录。

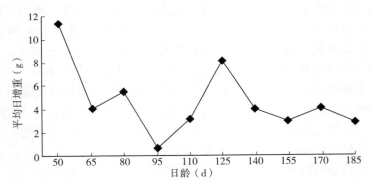

图 2-4　杭州动物园幼龄白颊长臂猿平均日增重

幼龄南黄颊长臂猿体重、体尺增长情况见图 2-6 至图 2-14（数据引自南京市红山森林动物园）。

体尺测量注意：

①测量工具为卷尺、皮尺。

②体重为每天早上进食前空腹称重。

③体长为头顶部至臀部间的垂直距离。

④头围为双眉上缘经枕骨环绕一周的长度。

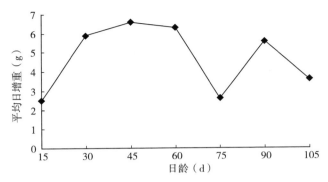

图 2-5　南宁市动物园幼龄白颊长臂猿平均日增重

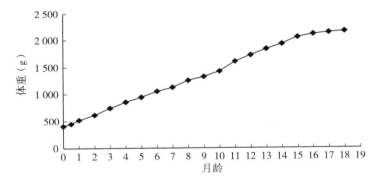

图 2-6　幼龄长臂猿体重变化趋势

注：横坐标"0"代表幼龄长臂猿刚出生，下同。

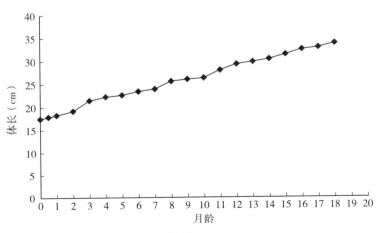

图 2-7　幼龄长臂猿体长变化趋势

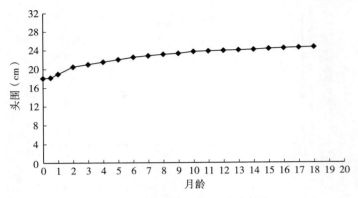

图 2-8　幼龄长臂猿头围变化趋势

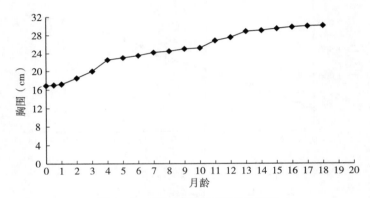

图 2-9　幼龄长臂猿胸围变化趋势

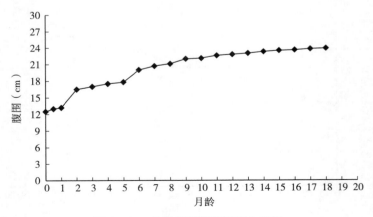

图 2-10　幼龄长臂猿腹围变化趋势

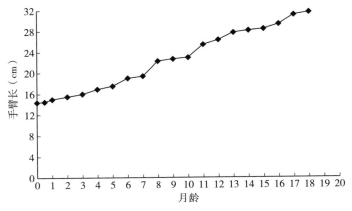

图 2 - 11 幼龄长臂猿手臂长变化趋势

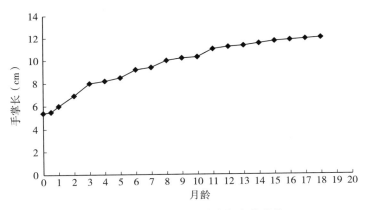

图 2 - 12 幼龄长臂猿手掌长变化趋势

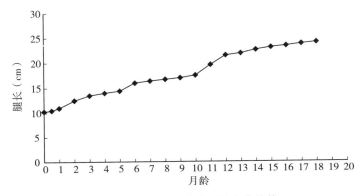

图 2 - 13 幼龄长臂猿腿长变化趋势

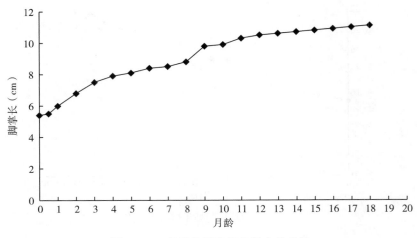

图 2-14　幼龄长臂猿脚掌长变化趋势

⑤胸围为双乳上缘环绕一周的长度。

⑥腹围为肚脐下缘环绕一周的长度。

⑦手臂长为肩部顶端至手腕部的垂直距离。

⑧手掌长为手腕部至中指顶端的垂直距离。

⑨腿长长为髋骨至脚后跟的垂直距离。

⑩脚掌长为脚后跟至最长脚趾的垂直距离。

（4）排泄情况管理　从粪便可直观了解幼猿消化系统的情况。幼猿粪便正常性状为淡黄色条状；如见粪便呈淡黄色球状，则是大便干燥，应增加喂水次数。1～30 日龄，幼猿每天排便 4～6 次，排尿 8～10 次；30～180 日龄，幼猿每天排便 3～4 次，排尿 5～7 次；排尿次数与喂水量成正相关关系（王俊莉等，2002）

（5）行为发育观察　正常的长臂猿幼猿从出生就具有较强的抓握能力，出生第 1 天就能紧贴母亲腹部并牢牢抱住母亲。人工育幼时，幼猿多呈俯卧状态，睡眠时喜抱着暖水袋，这与它的自然习性有关。1 周龄前，幼猿除吃奶外，多处于睡眠状态；2 周龄左右会在育幼箱内抓住箱缘爬起；3 月龄时能在网笼内的栖架和绳索上攀爬和跳跃；6 月龄后活动范围逐渐扩大，因此 6 月龄后须给幼猿换大的网笼。观察中发现，完全人工哺育的幼猿初期与亲本哺育个体在行为发育上相差不大。刚出生的白颊长臂 2 周龄前完全在母亲怀里度过，随后才偶尔离爬到母亲的背部，然后逐渐过渡到离开母亲爬到铁网或铁架上。刚开始幼猿离怀的频次和时间很少；1 月龄时每天离怀的次数为（2.1±0.58）次，每次持续时间为（1.8±0.67）min；3 月龄后离怀的频次达到（8.86±

3.81）次，每次持续时间为（2.56±1.04）min（黄翠红等，2014）。随着幼猿日龄的增长，这种频次和时间上的差异会逐步凸显。对于社群行为，人工育幼的长臂猿个体对饲养员有较强的依赖性，融入群体比较困难。此外，人工育幼的个体易出现吮吸手指或磕头等刻板行为，而亲本哺育的个体却很少发现有类似的刻板行为，这可能与人工哺育的长臂猿幼猿缺少与亲本的交流有关。因此，有目的地把人工育幼的个体移到自然哺育长大的长臂猿饲养场馆旁进行观摩学习非常必要。对于人工育幼的长臂猿个体，可以采取和自然育幼的长臂猿个体混合饲养的方式，使其逐步学习正常状态下社群间的交流行为（梁作敏等，2014）。俞红燕等（2018）的文章中也提到，在长臂猿幼猿的成长中，应注意其吮吸手指等不良行为的纠正和合笼问题。

（6）毛色变化观察　　不同种长臂猿的毛色变化会有一定的差异。以白颊长臂猿为例，刚出生的幼猿，不论雌雄毛色均为淡黄色，0.5 岁左右其毛色开始逐渐变化，到 1 岁左右基本全部变成黑色；雄性毛色此后将一直保持黑色不再变化，而雌性毛色到 6～7 岁性成熟前会逐渐变成黄褐色。

（7）日常护理注意事项　　在人工育幼的前期阶段，由于幼猿的体质比较弱，抵抗力差，护理人员须对育幼环境及育幼用具进行严格消毒，在整个育幼过程中也要严格注意环境温度的变化，并循序渐进地对饲料和环境进行转换，同时让幼猿有足够的活动量。

①交接工作　　每天夜班和日班的工作人员要当面或书面做好交接工作，详细叙述和记述动物的饮食、精神、排泄、体重和体温等情况，记录好相关数据。

②消毒工作　　一是奶瓶消毒，每次喂奶后都应清洗并进行高温消毒；二是毛巾消毒，毛巾除用开水定期浸泡外，铺垫的毛巾要及时更换、清洗和晾晒；三是育幼箱和育幼笼消毒，要定期进行清洗和擦拭，如果受到排泄物污染要及时进行清理，并用消毒水进行消毒。

③环境及饲料的转换　　大部分灵长类动物出生时都会紧紧抓住母亲，因此在人工哺育过程中，应给幼猿提供玩偶、毛巾等，使其抓握，使幼猿有安全感，以减少紧张情绪。随着幼猿日龄的增长，其行为活动会慢慢增多，要及时将其转移到较大的育幼箱，并配备相应的活动设施（如栖架、吊环等），以满足其活动的需要，尽可能避免其产生吮吸手指、磕头等刻板行为。幼猿饲养环境的转换是一个渐进的过程，应随着幼猿机体和行为的发育，逐步从育幼箱过渡到育幼网笼，再放回群体笼舍饲养。根据以往育幼积累的经验，幼猿一般约在 3 月龄从育幼箱转移到育幼室内的小网笼（60cm×45cm×75cm），笼内放有垫布、暖水袋、玩具等供其休息、保温及玩耍。6 月龄后转移到大网笼

（90cm×60cm×145cm），12月龄后转移到展出笼舍进行饲养。为进一步满足幼猿行为发育的需要，应在大网笼或笼舍内安置栖架、绳索等丰容物品供其攀爬、跳跃，同时要有目的地矫正其在人工育幼初期产生的一些刻板行为。矫正刻板行为采取环境丰容和食物丰容相结合的方式（陈霖等，2014），使幼猿逐步适应外界环境，并有机会接触其他同龄个体，为进一步的合笼合群做好准备。

④体检 定期对幼猿进行体检也非常重要，如定期对其血液、排泄物等进行化验，可以进一步了解其健康状况及生长发育情况，同时对其潜在的疾病能做到早发现、早预防、早治疗。

（8）健康及生长发育状况监控

①体重 体重是反映和衡量动物发育状况的重要指标之一，也是奶液调整的重要依据之一，应每天在固定时间进行称重，并做好记录。

②体温 人工育幼时要测量幼猿体温，1月龄前每天早晚在固定时间各测量1次，1~3月龄每天固定时间测量1次，3月龄后每周固定时间测量1次，并做好记录。根据对南宁市动物园的几例人工育幼幼猿的体温测量及记录情况，发现幼猿体温最低 36.2℃，最高 37.8℃，一般稳定在 37.0℃左右。6月龄后如无异常情况不再测肛温，可辅以红外测温枪进行测量，减少对肛门和直肠的刺激。

③奶液成分及奶量 详细记录每次喂奶时奶液的成分、浓度和奶量的变化，不仅可以对长臂猿个体情况进行分析，也可为以后的人工育幼保存资料，以供参考。

④排泄 详细记录幼猿每天的排泄次数、排泄量以及排泄物的颜色、形状、气味，以便了解幼猿的消化情况。

⑤生理变化 记录幼猿出牙、毛色变化等情况。

⑥行为发育 是衡量幼猿健康状况的重要指标之一，因此要对幼猿的行为变化进行详细记录。

（9）断奶及合群 一般人工育幼至12月龄时便可对幼猿进行断奶，并将其转移到展区与其他个体进行合笼合群饲养。但观察中发现，人工育幼的个体胆小、依赖饲养员，自然行为发育比较迟缓，甚至出现刻板行为，使得合群困难。为了避免出现类似情况，应在人工哺育期间除进行喂食、更换毛巾等必要操作外，尽量减少甚至避免与幼猿的接触，以减弱其对饲养员的依赖。同时建议及早将其移到同类的笼舍旁邻近饲养，让幼猿能看到同类、听到同类的声音、闻到同类的气味，为以后合笼打下基础。此外，合群时应选择年龄相近的个体，以避免因体型差异大，出现大欺小、强欺弱的现象。

（七）笼养条件下出现的特殊行为

1. 隔笼交配行为

在配偶制方面，野生南黄颊长臂猿是严格营"一夫一妻"制的灵长类动物（Haimoff 等，1984），对配偶的选择非常苛刻（Chivers，1984；Brockelman 等，1998）。Getz（1981）指出婚配制度并不是固定不变的，而是具有一定的可塑性，这是动物内部因素（如个体间年龄、经验和能力）与外部环境因素（如食物的可获得性和捕食压力）共同作用的结果。Birkhead（1987）发现在单配偶制物种中存在配偶外交配现象，即配对个体常常与配偶外的个体交配。日常饲养中也证实了这种现象的存在：在笼养条件下，虽然处于相邻笼舍的两对南黄颊长臂猿均已成功繁殖后代，但在饲养过程中观察到 M2 与 F1 进行隔笼交配，交配的持续时间较短，平均为 11～20s（引自南京市红山森林动物园）。笼养南黄颊长臂猿存在隔笼交配行为可能出于以下几个方面的原因：①野生南黄颊长臂猿是典型的领域性灵长类，每个群体形成大约 $5km^2$ 的领域，具有很强的排他性，从而减少了生殖的外来干扰。而在笼养条件下，强制性地被饲养在几个相邻的笼舍内，削弱了它们对领域的保护意识，也无法避免相邻个体之间的接触，为打破单配偶制提供了空间上的可能性。②自然种群的个体总是能够通过采取合适的策略保证自己在繁殖中留下更多的后代，因此在正常情况下，雄性个体总是试图与很多的雌性交配，从而更有效地传递自己的基因。一些学者认为，一夫一妻制的起因可能仅仅是雄性个体没有能力独占多数有繁殖能力的雌性的结果（Rutberg，1983），而在笼养条件下，雄性南黄颊长臂猿无须为保护领域和寻找食物花费大量的精力，为实现其一夫二妻的本能需求创造了机会。③除此之外，隔笼交配行为还可能来自雄性个体之间的竞争。雌性个体可能会有选择地与那些能为其提供优质基因的雄性进行交配，以此来增加自己的适合度和后代的遗传多样性，而婚外交配现象充分表现出了雌性南黄颊长臂猿对配偶的选择性。无论这一现象出于上述何种原因，或者是综合作用的结果，事实上隔笼交配行为应该是在笼养条件下产生的一种适应性繁殖策略，它可以使种群间的遗传物质得以交流，从而防止或减慢种群的退化。

2. 弃婴行为

能否及时吃上初乳对幼猿很重要。有些南黄颊长臂猿母性不强，尤其是初产的雌性，当其在冬季生产时，如果雌性长臂猿弃仔没有被及时发现，幼猿很容易被冻死，造成不必要的损失。

南黄颊长臂猿在分娩后会有一系列的育幼行为，在笼养条件下，可能会出现母亲带幼猿一段时间之后弃仔，表现为不让幼猿吃母乳，将幼猿悬挂于手臂或脚下，或用手和脚抓着幼猿的一只手或脚（雌性有时会直接将幼猿丢弃），此时要密切观察幼猿的行为（叫声是否明显减弱，体温是否明显下降，挣扎行为是否减弱），以便及时分离幼猿进行人工育幼。笼养雌性南黄颊长臂猿的弃婴行为可能涉及4个因素：一是雌性长臂猿乳汁分泌不足；二是人为干扰，如出现陌生人或受到游客惊吓；三是育幼时正值旅游旺季，游客数量过多，或笼舍附近正在进行大型施工使环境更为嘈杂，雌性长臂猿认为不安全；四是雌性长臂猿的育幼行为与其本身向亲猿学习、模仿哺育行为有关，人工育幼长大的雌性，可能因哺育行为学习不足导致其育幼能力欠缺。

五、长臂猿的行为管理

行为管理是提高动物福利的技术手段。在动物园中，动物行为越来越受到关注。行为管理的意义在于：在动物园这种特殊环境中，充分运用综合手段使野生动物、管理人员和游客三方的利益达到一种可接受的最优状态，并在此状态下，实现动物园的核心目标——物种保护（张恩权等，2018）。

（一）行为谱

动物的行为复杂多样，通过构建行为谱可以对动物的各种行为进行分类，这也是开展行为学研究的前提和基础。程俏（2009）将笼养白颊长臂猿白昼的主要行为归为以下几类：

（1）休息　长臂猿的身体长时间保持一种姿势，不发生明显位移或低头闭眼呈睡眠状。休息行为主要表现为躺、趴、坐、悬挂（用上肢将自己悬挂在栖架或树枝上不动）、接触坐（和同类紧靠在一起不动）等模式。

（2）取食　长臂猿借助上肢或下肢将食物放入口中咀嚼，或直接用嘴摄取食物的行为。

（3）运动　长臂猿身体有明显位移，如用单臂抓握于铁丝网之间，像荡秋千一样摆荡前进，或在地面行走等行为。

（4）理毛　包括自我理毛和相互理毛。自我理毛是指长臂猿个体低头用手抓或用舌头梳理自己的毛发，清理皮肤上的小颗粒。一般自我梳理的是腹部、大腿、小腿等容易接触的部位；而相互理毛是指某一个体采取坐姿，双手分开，梳理另一个体的毛发，并不时地从分开的毛发或裸露的皮肤上捡出一些小颗粒（盐粒、皮上寄生物等）放入嘴里咀嚼或直接咬食。被梳理者常会根据梳理部位的不同，自觉调整姿势以方便理毛者进行梳理。

（5）游戏　指为了娱乐而发生的行为模式，通常分为三类：

①物品性　表现为对环境中某一事物进行的反复操作，如将树叶、枝条、石头等向上抛，回落的时候再接住，或在双手之间扔来扔去。

②运动性　主要表现为一些明显的身体活动，如抓住铁链、树枝或其他设施荡秋千。

③社会性　一般表现为追逐打闹，通常是一只长臂猿个体在前面奔跑，另一只个体在后面追赶，然后用手拍打对方的身体相互打闹。

（6）拥抱　两只或两只以上的长臂猿个体身体接触，下身保持不动，两上臂以上部位相交并伸展至对方肩上或背后的拥抱动作。

（7）鸣叫　是长臂猿类群特有的声讯行为，一般由成年雌性发出鸣叫，然后伴以成年雄性带有颤音的共鸣以及群体中亚成体单调的应和。

（8）繁殖行为　是指在繁殖期发生的与繁殖直接相关的动作过程和活动，包括发情、交配、育幼等行为。

（9）交配　繁殖行为的一种，雌雄长臂猿个体之间交配器官相互接触。

（10）隔笼交配行为　指相邻笼舍的雌雄长臂猿个体隔着网片使交配器官相互接触。

（11）弃婴行为　指雌性长臂猿对新生幼猿的遗弃行为。

（12）排遗行为　包括排粪和排尿。

（13）威胁　一方颈部前伸、龇牙瞪眼紧盯对方，同时发出短促的"咕～咕"声。

（14）攻击　常发生于长臂猿个体间有冲突时，一方做出威胁的姿势，弹跳或猛冲过去，用手猛抓对方的毛发或伸手拍打对方的头部和身体其他部位。

（15）屈服　某一长臂猿个体受到威胁或攻击时，面向对手后退几步或迅速转身逃跑。

（16）刻板行为　是一组可以分辨的、以固定模式或频率重复的、没有变化且没有明显功能和目标的简单行为（Odberg，1987）。表现为长时间且机械地重复某一局部运动，典型的行为模式有自我搂抱、吮吸大拇指和自我毁损（频繁撞击铁丝网）等。

（17）观察游客　长臂猿移动到可能投喂的游客附近，注视持有食物的游客。

（18）乞讨食物　长臂猿将手伸出笼舍空隙处，向游客乞讨食物。

（19）其他　指发生频率较低或不容易定义的行为。

（二）丰容

为了确保丰容计划可行并取得成功，动物园的饲养管理人员、主管、兽医和相关领导必须都要参与。在丰容前必须评估即将放入展区的设施是否安全，尤其当展区内有幼年个体时。丰容过程也要做好记录，以评估放入的丰容物是否适合动物。丰容工作并不是一成不变的，动物可选择的设施越多，越能表现出更多的自然行为，因此设置丰容项目库在丰容工作中非常重要。

1. 丰容项目库

（1）食物丰容　应设置食物丰容项目库（表 2-12）。食物丰容是应用最广泛的一种丰容方式，而且取食、移动、休息是大多数灵长类动物进行的三项主要活动，因此通过不同的方式将食物隐藏、改变食物的形状、分时段投喂等都可以延长动物的取食时间（图 2-15 至图 2-18）。但要注意食物丰容必须采用日常饮食中的食物，不可额外增加其他食物，以免造成多余能量的摄入。

表 2-12　圈养长臂猿食物丰容项目库

单纸盒取食	大纸盒套小纸盒藏食	纸筒藏食
纸筒内侧涂蜂蜜	纸筒内侧涂各种果酱	塑料瓶取食
茶叶盒取食器	单个塑料筐取食	两只封闭篮筐中藏食
PVC 管取食器	球形取食器	竹筒取食器
饮水桶取食器	竹篮取食器	报纸球藏食
草中藏食	糖纸藏食	木丝或干草中藏食
书中藏食	轮胎藏食	树枝串食物悬挂
将树叶挂在笼网外	将树叶挂/铺在笼顶	食物上添加蜂蜜
笼顶抛食	食物分散投喂	不定时投喂
食物上添加番茄酱	不倒翁上涂果酱或蜂蜜	所有食物整体投放
食物全部切碎	曲奇饼干铁皮盒（藏食物）	组合塑料瓶
消防水袋编制吊床	消防水袋编制平结	

图 2-15　纸筒藏食丰容
（南京市红山森林动物园供图）

图 2-16　圆球藏食丰容
（南京市红山森林动物园供图）

图 2-17　椰壳丰容
（上海动物园供图）

图 2-18　粽子丰容
（上海动物园供图）

（2）环境丰容　应设置环境丰容项目库（表 2-13）。环境丰容可以为动物展示自然行为提供条件。动物园展区内外的环境丰容见图 2-19 至图 2-21。

表 2-13　圈养长臂猿环境丰容项目库

制作秋千	挂消防水带	挂汽车轮胎
挂绳梯	在笼舍内挂麻绳	在笼舍内挂铁链（消防带包裹）
编制吊床	提供大型枯木	笼舍内添置栖架（木制、竹制）
笼舍内添置平台（或平板）	笼舍内安装细 PVC 管	挂呼啦圈等玩具
安装软水管	树枝堆	放冰块降温
饮料瓶冻冰块降温	制作视觉屏障	交换笼舍
铺设垫料	垫料中种植麦子或草籽	安装喷雾装置
种植绿化		

图 2-19　室内展区丰容
（南京市红山森林动物园供图）

图 2-20　室外展区丰容

（南京市红山森林动物园供图）

图 2-21　雾喷丰容

（上海动物园供图）

　　（3）感知丰容　应设置感知丰容项目库（表 2-14）。感知丰容包括视觉、听觉、触觉和嗅觉上的丰容（图 2-22、图 2-23）。

表 2-14　圈养长臂猿感知丰容项目库

布娃娃	大型不倒翁	遥控玩具
可食用涂料	足球	篮球
不同颜色 PVC 管	衣服	轮胎
麻袋	报纸	吊球

（续）

消防水袋块	扫把	手套
树枝	香草或香料	其他个体用过的食盆或玩具
播放自然声音	响球	发出声音的物品
背景音乐	回升定位	录像回放
厚书	醋	带小洞的亚克力管
镜子	雕刻南瓜	

图 2-22　嗅觉丰容
（上海动物园供图）

图 2-23　毛绒玩具丰容
（南京市红山森林动物园供图）

（4）认知丰容　应设置认知丰容项目库（表 2-15）。认知丰容可以为动物提供新奇的体验，并提供动物解决问题的机会（图 2-24、图 2-25）。

表 2-15　圈养长臂猿认知丰容项目库

行为训练	益智取食器	认识卡片信息
新奇体验	书	

图 2-24　南瓜丰容
（上海动物园供图）

图 2-25　书丰容
（南京市红山森林动物园供图）

（5）社群丰容　应设置社群丰容项目库（表 2-16）。社群丰容包括动物与动物、动物与人员之间的互动。

表 2-16　圈养长臂猿社群丰容项目库

调换笼舍	合笼	与游客互动
与饲养员互动	与其他小动物互动	群居

2. 丰容物品制作案例

消防水带是很好的丰容材料，可以制作成吊床、消防水带球、消防水带取食器等，下面详细列举了如何用消防水带制作取食器的步骤（Horse，2013）。

第一步：将两条相同长度的消防水带平行放置（图 2-26）。

第二步：留一条消防水带。取另一条，在直条周围形成一个 Z 形。这个 Z 形应处于另一条消防水带的中间（图 2-27），并

图 2-26　平行放置的消防水带

确保 Z 形位于消防水带的正上方。在接下来的两个步骤中，Z 形保持在相同的位置。

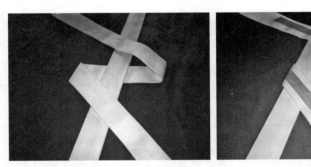

图 2-27　单条消防水带 Z 形折叠

第三步：取距离操作者最近的消防水带的末端，放在 Z 形的底部。在 Z 形的顶部，保持右侧与 Z 形的褶皱平齐。注意此时仍然可以看到 Z 形的位置（图 2-28）。

第四步：把距离操作者最远的消防水带的末端放在 Z 形的顶部。在 Z 形的底部，使其左侧与 Z 形的褶皱平齐。注意此时仍然可以看到 Z 形的位置（图 2-29）。

图 2-28　另一条消防水带的折叠

图 2-29　消防水带末端定位

第五步：拉动消防水带的所有四个末端，直到中间的方形空间闭合（图 2-30）。

第六步：从任何一条消防水带开始，按如下所示折叠（图 2-31）。下一个拟折叠的带子折叠时，将覆盖之前折叠的消防水带的松散端。在图 2-31 中，带子是按顺时针顺序折叠的。

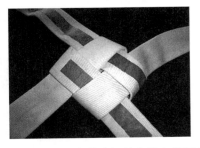

图 2-30　消防水带中间的方形空间闭合

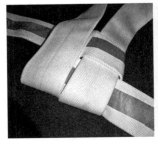

图 2-31　重复上述折叠步骤

第七步：当折叠第 4 条消防水带时，将其塞到第 1 条消防水带下方（图 2-32）。

第八步：拉动消防水带的所有四个端部，直到编织中间的方形空间闭合，就像第五步中所做的那样（图 2-33）。

第九步：重复第六至八步，直到消防水带因太短而无法继续折叠（图 2-34、图 2-35）。

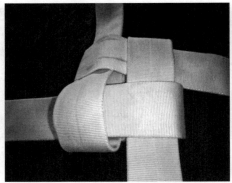

图 2-32　重复进行末端闭合

图 2-33　重复进行方形空间闭合

图 2-34　消防水带持续折叠

　　第十步：使用螺栓、垫圈和螺母完成取食器的制作，以将消防水带的末端固定于取食器的其余部分（图 2-36）。

图 2-35　持续折叠末端闭合至消防水带用完

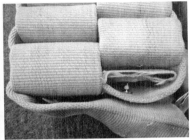

图 2-36　消防水带最后末端的固定

消防水带取食器完成品如图 2-37 所示。

图 2-37　消防水带取食器成品
（上海动物园供图）

（三）行为训练

动物福利是开展动物行为训练最重要的目的。采取正强化训练方法可以让受训动物非常简单、自愿、充满愉悦地完成所要求的目标行为，方便日常饲养管理和医疗操作，提高动物福利。

1. 训练原理

现代动物行为训练的原理主要包括经典条件作用和操作性条件作用，在开展行为训练前，训练人员必须首先学习和掌握行为训练的原理。

（1）经典条件作用　苏联著名的生理学家 Pavlov 曾因为对动物消化腺的研究而获得 1904 年诺贝尔生理学奖。该研究将不能诱发反应的中性刺激（如铃声）与诱发反应的刺激（如食物）配对，配对一次或多次后，使中性刺激最终能诱发同类反应。也就是说，在无条件反射的基础上，通过中性刺激与无条件刺激的多次结合，使动物在条件刺激下产生与无条件刺激的相似反应。人们在做让动物认识到响片的声音与即将到来的食物有所关联的训练时，用到的就是经典条件作用。

（2）操作性条件作用　由美国心理学家 Skinner（斯金纳）于 20 世纪 30 年代根据他所设计的试验的研究结果提出。斯金纳设计了一种专用木箱——斯金纳箱，箱内有一套杠杆装置。饥饿的动物在偶尔压动杠杆后获得食物，反复多次后，只要动物再次进入箱内，就会主动按压杠杆取得食物。这样就在压杠杆和取食物之间形成了条件作用。这类条件作用的特点是动物必须通过自己的某种运动或操作才能得到强化，所以称为操作性条件作用，这是一种更为复杂的学习行为。

操作性条件作用是动物的行为在自己可控的环境下发生，动物有选择的空间。在训练过程中，当动物做出某个行为，并得到它想要的东西，那么它再次做该行为的概率就会大大增加。

2. 行为训练的基本操作

首先确定训练目标，全面评估受训动物，掌握动物的各种信息；然后制订训练计划，整个训练计划应包括训练动物、训练人员、训练目标、训练时间和训练方案等；在实施过程中需要做好每一次训练的记录，可用于系统的管理及回顾，最后通过相关记录评估训练方法是否准确、训练过程是否规范、动物的反应是否达到预期目标；自我评估后可以根据实际情况对训练步骤或方法等及时进行调整，以便有效地达到训练目标。

3. 训练方法

（1）目标训练　可将目标物的使用方法归纳为以下 8 种：

①简单目标　训练者主动用目标直接接触动物或间接使动物认识目标。

②合成目标　动物个体主动经过一段距离来接触目标。

③跟随目标　动物个体跟随目标物移动。

④延长目标　动物个体接触目标并保持接触状态，直至接受指令后停止。

⑤目标多样化　即目标物的可变性（任何物体皆可成为目标物，重要的是教会动物个体认识该目标物）。

⑥全身体接触　目标物可接触动物的任何部位。此为医疗行为训练中非常重要的一环。

⑦多重目标　同一时间可用多个目标物接触动物身体。

⑧定向训练　动物跟随目标，由 A 到 B，完成指定行为。

（2）行为捕捉　这种方法适用于动物发生过这样的行为。通过观察，在行为发生时按响板，给强化物，同时给予特定的手势信号，并不断进行强化，直至动物看到训练者的特定手势就能做出规定动作，形成条件反射。

（3）行为模仿　有些动物模仿能力很强，如灵长类动物，既可以模仿人类，也可以模仿同类，因此在训练动物个体的时候可以让其他同类观看，当其他个体试图模仿时及时予以强化。

（4）行为模拟　行为模拟是训练者动手摆弄受训动物的肢体，让受训动物借此学习。但可能动物要花较长的时间才能明白训练者的意图，因此结合塑形才能更有效果。

（5）塑行　是指把一个倾向于正确方向的小行为慢慢进行调整，每次只改变一点，朝最终目标推进。在 Karen Pryor 所著的 *Don't shoot the Dog!* 一书中详细列出了塑行的十大原则，这些原则是训练员必须牢记的基本守则。

4. 训练项目

常见的训练项目有串笼训练（方便转移动物）、定位训练（所有定点训练的基础）、展示身体各部位（检查身体有无异常）（图 2-38）、和谐取食（可以让地位低的个体顺利取食）、医疗训练（方便兽医进行医疗操作，如注射、采血等）。

检查口腔　　　　　　　　　　　检查乳房

检查脚趾　　　　　　　　　　　检查生殖器

图 2-38　长臂猿行为训练

（南京市红山森林动物园供图）

5. 行为训练案例

案例 1：称重训练

地点：南京市红山森林动物园 物种：南黄颊长臂猿

动物名称：	风险系数：保护性接触		行为：称重	新训练（√） 再训练（　）
训练员：	开始—达标日期：			
签字：	场地主管：		部门主管：	
最后完成动作的描述（目标行为需要有量化方式）				

电子秤定位称重：当训练员来到训练场地或指令场地后，动物个体立即出现在训练员面前，当训练员发出上秤指令后，动物个体立即到达电子秤上，且双手自然垂于身体两侧，状态平静、放松，直到指令给出响片信号。定位称重持续时间不少于 10s。

训练时，训练员需调整自己的身体位置，尽量与被训练动物个体处于同一高度，以便观察动物反应。

训练步骤：

1. 学习肯定信号

在动物取得食物前片刻，即发出响片。食物可放在不同的位置。要求动物在取食时平静，不会逃避响片。此步骤不少于连续 6 个训练时段。

2. 手喂食

完成以上步骤后，动物个体可放松地来到训练员面前，训练员可将食物直接喂到动物口中。在动物接触食物前即发出响片，并给予食物强化。要求动物进食时状态放松、平静。此步骤不少于连续 4 个训练时段。

3. 注意力训练

完成以上步骤后训练员先将食物收好，不要暴露。动物个体来到训练员面前，当动物看不到食物转而观望训练员时，即发出响片，并给予食物强化。要求动物来到训练员面前时，只是观望训练员而不是训练员手中的食物。此步骤不少于连续 10 个训练时段。

（续）

4. 电子秤脱敏

完成以上步骤后，将电子秤放入笼舍，当动物主动接触电子秤时，立即给出响片及食物强化，要求动物看到电子秤后会主动接触，不出现恐惧及破坏行为，即为脱敏成功。此步骤不少于连续 15 个训练时段。

5. 电子秤定位——成形

完成以上步骤后，动物个体来到训练员面前，当动物坐在电子秤上以后，训练员立即发出"定"的口令和指令并同时给予奖励。要求动物可以保持平静，双臂垂于身体两侧，全部身体重量均作用于电子秤上。此步骤不少于连续 20 个训练时段。

6. 电子秤定位——延时

完成以上步骤后，当动物站立或坐于电子秤上时，不立即给予食物奖励，发出指令后的行为要求以 1s、2s、1s、3s、1s、5s、2s……不规则变化。要求：当训练员出现在电子秤位置后，动物即出现在训练员面前，动物身体全部位于电子秤上，停留不少于 10s，且状态平静、放松，训练员即发出响片，给予食物强化。此步骤不少于连续 20 个训练时段。

7. 电子秤定位——成熟

完成以上步骤后，当动物个体来到训练员面前时，主动来到电子秤上，身体重量全部作用于电子秤上，保持平静、放松，训练员即发出响片，给予食物奖励。此步骤不少于连续 10 个训练时段。

8. 电子秤定位称重

当训练员来到训练场地或指令场地后，动物个体立即出现在训练员面前，当训练员发出上称指令后，动物个体立即到达电子秤上，且双手自然垂于身体两侧，全部重量作用于电子秤上，状态平静、放松，直到训练员给出响片信号。持续时间不少于 10s。（由于动物为群体饲养，该训练进行时单只动物分开训练，避免引起群体骚乱）

桥	哨子（　）　响片（√）　其他：		
一级强化物	面包虫，红枣，葡萄		
二级强化物	抚摸，理毛		
区别刺激	口令：定	手令：掌心朝向动物，五指向上	照片：
助手人数			

案例 2：异味适应性训练
地点：南京市红山森林动物园　物种：南黄颊长臂猿

动物名称：	风险系数：保护性接触	行为：异味适应性训练	新训练（√） 再训练（　）
训练员：	开始——达标日期：		
签字：	场地主管：	部门主管：	
最后完成动作的描述（目标行为需要有量化方式）			

异味适应：训练员来到指定场地，在喂药训练点呼唤动物名字，动物双手抓握内笼网格。训练员将药瓶喷嘴靠近动物，动物吻部主动触碰药瓶，训练员挤出瓶中有气味的液体，动物主动吮吸。在此期间，动物不离位，状态平静、放松，保持约 30s。

（续）

训练步骤：

1. 药瓶脱敏

（1）训练员用手对动物直接喂食，同时将药瓶放置在喂食的托盘上，随训练时段增加，逐渐将药瓶靠近动物，让动物熟悉药瓶。

（2）训练员手拿药瓶靠近动物吻部，动物不闪躲，即奖励。

（3）药瓶喷嘴涂少量蜂蜜，动物双手抓握内笼网格并含住喷嘴，状态平静、放松，即奖励。逐渐减少蜂蜜用量，直至不涂蜂蜜。

（4）药瓶放置在动物鼻尖前方1cm处，动物寻找药瓶喷嘴并主动含住，即奖励。

（5）药瓶中倒清水，加少量蜂蜜，动物含住药瓶后，向其口中挤入少量蜂蜜水，动物不离位，状态平静、放松，即奖励。逐渐减少蜂蜜用量，至不加蜂蜜；同时逐渐增加喝水时间，保持不少于30s。

2. 酸味脱敏

药瓶中倒清水，加适量蜂蜜，再加少量酸味剂，动物含住药瓶后，向其口中挤入少量混合液，动物不离位，状态平静、放松，即奖励。逐渐减少蜂蜜用量、增加酸味剂用量，直至不加蜂蜜、酸味剂达到一定浓度。

3. 苦味脱敏

药瓶中倒清水，加适量蜂蜜，再加少量苦味剂，动物含住药瓶后，向其口中挤入少量混合液，动物不离位，状态平静、放松，即奖励。逐渐减少蜂蜜用量、增加苦味剂用量，直至不加蜂蜜、苦味剂达到一定浓度。

4. 酸苦味脱敏

药瓶中倒清水，加适量蜂蜜，再加少量酸味剂和少量苦味剂，动物含住药瓶后，向其口中挤入少量混合液，动物不离位，状态平静、放松，即奖励。逐渐减少蜂蜜用量、增加酸味剂和苦味剂用量，直至不加蜂蜜、酸味剂和苦味剂达到一定浓度。

5. 随机味道的液体脱敏

随机选取液体，动物含住药瓶后，向其口中挤入少量混合液，动物不离位，状态平静、放松，即奖励。反复练习，直至同一训练时段可向动物随机喂多种不同味道的液体。

6. 训练完成

训练员来到指定场地，在喂药训练点呼唤动物名字，动物双手抓握内笼网格。训练员将药瓶喷嘴靠近动物，动物吻部主动触碰药瓶，训练员挤出瓶中有味道的液体，动物主动吮吸。在此期间，动物不离位，状态平静、放松，保持约30s。

桥：	哨子（　）　响片（√）　　其他：		
一级强化物	面包虫，红枣，葡萄		
二级强化物	抚摸，理毛		
区别刺激	口令：	手令：	照片：
助手人数			

案例3：采血训练

地点：南京市红山森林动物园　物种：南黄颊长臂猿

动物名称：	风险系数：保护性接触		行为：采血	新训练（√）
				再训练（　）
训练员：	开始—达标日期：			
签字：	场地主管：	部门主管：		

最后完成动作的描述（目标行为需要有量化方式）

采血：要求在原有定位行为成熟后，方可开展采血训练。要求动物自然来到训练员面前，发出信号后动物可保持定位状态，平静、放松，采血过程中，动物始终平静，无激动表现，配合训练员或兽医进行采血，采血过程中无逃离、闪躲等行为，当给予信号后动物方可离开定位点。维持时间不少于 5min。（需制作和安装采血架）

训练员需调整自己的身体位置，尽量与受训动物个体处于同一高度，以便观察动物反应。

训练步骤：

1. 行为捕捉

完成定位行为后，当动物个体来到训练员面前后，出现主动将手臂放入采血架内，给予响片及食物奖励。要求动物出现在训练员面前时便出现手臂伸入采血架的行为。此步骤不少于连续 6 个训练时段。

2. 前臂伸长

完成以上步骤后，当动物出现一只前臂伸长，并接触固定铁架的行为时，训练员发出"好"的口令，并发出响片、给予食物奖励。如前臂前伸的长度不够，训练员发出"伸"的口令并给予食物奖励。要求动物来到训练员面前时，便出现一只前臂伸长接触铁架，且其他部位固定不动。此步骤不少于连续 10 个训练时段。

3. 手臂向上翻出，抓握铁架

完成以上步骤后，当动物出现前臂伸长、手掌向上翻抓握铁架的姿势时，训练员发出"抓"的口令，并立即给予响片、食物奖励。要求动物来到饲养员面前后，便出现前臂伸长、手掌向上翻抓握铁架的行为，并不断增加手部姿势定位时间。此步骤不少于连续 20 个训练时段。

4. 酒精脱敏

完成以上步骤后，需要动物先对酒精棉球脱敏。要求擦拭酒精时，动物平静、放松，无躲避，即发出响片并给予食物强化。此步骤不少于连续 6 个训练时段。

5. 血管刺激脱敏

完成以上步骤后，训练员可接触动物前臂，并逐步加大力度，动物仍平静、放松，即发出响片，给予食物奖励。动物行为稳定后，可逐渐用木棍接触其血管，动物仍平静、放松，即给予响片和食物奖励。此步骤不少于连续 10 个训练时段。

6. 注射器脱敏

完成以上步骤后，将木棍变成针管刺激动物血管，可以先使用无针头的针管刺激血管，并加大刺激力度，如动物平静、放松，即发出响片并给予食物强化。此步骤不少于连续 10 个训练时段。完成以上步骤后，可以逐渐用针头刺激动物血管，如动物平静、放松，即发出响片，给予食物强化。此步骤不少于连续 14 个训练时段。

7. 剪毛脱敏

完成以上步骤后，进行采血前剪毛的脱敏。首先需要对剪刀脱敏，要求动物看到剪刀时状态平静、放松，即给予信号和食物奖励。此步骤不少于连续 6 个训练时段。然后用剪刀接触动物皮肤，如状态平静、放松，即发出响片，给予食物奖励。此步骤不少于连续 8 个训练时段。最后进行剪毛操作训练，要求动物在剪毛过程中不出现躲避、攻击行为，始终保持状态平静、放松，即给予响片和食物奖励。此步骤不少于连续 10 个训练时段。

（续）

8. 针头脱敏

将针头插入动物皮肤时，如动物无躲避，且平静、放松，即给予响片和食物奖励。此步骤不少于连续 20 个训练时段。

采血训练要求：当训练员出现后，动物便能伸出前臂，主动手掌上翻抓握采血架，且其余部位固定不动；对动物擦拭酒精、插入针管的时候均无反应，直到采血结束后，动物仍保持放松、平静，即发出响片并给予食物奖励，同时训练员发出"好棒"口令，即完成行为训练。

桥：	哨子（　）　响片（√）　其他：		
一级强化物	树叶，水果，瓜子等		
二级强化物	抚摸，理毛		
区别刺激	口令：	手令：	照片：
助手人数	后期采血训练时，要求至少两人一同操作，一人负责训练、固定动物，保证动物的注意力在训练员身上，另一人负责采血。		

案例 4：定位、触诊、测量体温及跟随训练
地点：上海动物园　物种：合趾猿（♀）

动物名称：发发	风险系数：保护性接触	行为：定位、触诊、测量体温及跟随	新训练（√） 再训练（　）
训练员：	开始—达标日期：		
签字：	场地主管：	部门主管：	

最后完成动作的描述（目标行为需要有量化方式）

定位、触诊、测量体温及跟随：动物跟随训练员到达指定位置后坐下（室内外笼舍的门各设置一块约 1m 高的不锈钢板），训练期间动物不离开；每次训练时长在 10min 左右；触诊包括训练员对动物耳朵、嘴巴、乳头、臀部肛胫、脚趾的触摸和检查，维持时间 5s 及以上；测量体温为训练员对动物大腿腹股沟处的温度测量，动物保持侧身面对训练员，训练员将电子体温计放入腹股沟并维持 30~60s；跟随指动物跟随训练员从室内笼舍到达室外笼舍，或者从室外笼舍到达室内笼舍（通常动物存在不愿回到室内笼舍的情况）。

训练步骤：

1. 训练准备

训练开始前约 1 个月，训练员每天上下午与动物进行情感交流，主要包括理毛、手递式喂食，还可以与动物讲话，也可以尝试理解动物的语言"嗯～嗯"。保持良好的关系将会大大有利于日后训练工作的开展。

2. 定位训练

动物来到指定位置坐下，按下响板并给强化物。

3. 正面姿势训练

当动物把身体的正面紧贴网片时，按下响板并给强化物。随后可以加入手势动作五指并拢、掌心朝向动物，并结合口令"正面"，按下响板并给强化物。可让动物自由调整坐姿，随后重复几次进

（续）

行强化。

4. 侧面姿势训练

当动物把身体的侧面紧贴网片时，按下响板并给强化物。随后可以加入手势动作五指并拢、掌心面垂直于网片，并结合口令"侧面"，按下响板并给强化物。可让动物自由调整坐姿，随后重复几次进行强化。

5. 背面姿势训练

当动物把身体的背面紧贴网片时，按下响板并给强化物。随后可以加入手势动作五指并拢、掌背朝向动物，并结合口令"背面"，按下响板并给强化物。可让动物自由调整坐姿，随后重复几次进行强化。

6. 触诊训练

在步骤3的基础上，可增加对耳朵、嘴巴、乳头和脚趾的触诊。其中耳朵和乳头的触诊主要为动物靠近网片时，训练员对耳朵和乳头进行触摸检查，动物不抵触、不离开，然后结合口令"耳朵""乳头"，发出响片并给强化物；脚趾的触诊为训练员在脚趾处网片外摊开掌心并结合口令"脚"，动物会把脚趾伸出网片外，此时可以仔细查看合趾猿的第二、三脚趾的连接处，检查完毕后发出响片并给强化物；嘴巴的触诊使用的方法是行为模拟，长臂猿的张嘴行为意味着威胁、不友好，所以动物没有这个行为展示，只能用手掰开它的嘴巴进行行为模拟，强化几次后动物会明白训练员的意图，再结合口令"张嘴"，发出响片并给强化物。

7. 测温训练

在步骤4的基础上，可测量体温；可增加侧身向下弯的动作及对臀部胼胝的触诊（主要是为了检查动物有无月经）。测量腹股沟的温度通常需要30～60s，起初动物会不耐烦（转换身体姿势），建议慢慢延长时间，同时辅以抚摸安慰，测量结束后发出响片，给一个较大的强化物。侧身向下弯的动作是结合移动的手势（掌心面垂直于网片，由竖直状态缓慢变成水平状态），动物会随着手势侧身向下卧倒，此时臀部自然抬起，训练员可用手接触胼胝处检查生殖器官是否有血，检查完毕后发出响片并给强化物。

8. 跟随训练

动物跟随训练员进出室内外笼舍后来到指定位置坐下，即发出响片并给强化物。应注意：

（1）口令要干净利落，一两个字就行，如"正（面）""侧（面）""背（面）""下""脚（趾）""张（嘴）""耳朵"等。训练员的手势要统一，不能经常改变，否则会使动物困扰（训练时训练员手部尽量不要佩戴闪亮的首饰，避免对动物产生干扰）。

（2）用于强化的食物越小越好，最好动物能一口吃完，咀嚼不超过3次，如切成小块的香蕉、一粒葡萄干、一粒花生米、一片大叶女贞、一小口酸奶、1/4颗红枣等。强化物的热量应包括在每天总采食量中，避免过度摄入。

（3）每次的训练时间选择为上午喂食前（10时左右）或者下午喂食前（14时左右）。此时的动物希望获得食物，训练效果较佳。训练时长控制在10min左右，但动物个体会存在差异，应根据具体情况而定。

桥：	哨子（　）　响片（√）　其他：		
一级强化物	香蕉，葡萄干，花生米，大叶女贞，酸奶，红枣，新奇饲料等		
二级强化物	抚摸，理毛		
区别刺激	口令：	手令：	照片：
助手人数			

六、长臂猿的日常操作管理

（一）个体识别与性别鉴定

1. 个体识别

个体识别是圈养动物饲养管理中的一项非常重要的基础性工作。只有在完成个体识别后，个体的档案和谱系工作才能落到实处，最终实现对圈养种群的持续、有效和统筹管理。国际上对动物的个体识别方法有多种，根据长臂猿的解剖结构和行为学特点，目前比较适用的方法包括电子芯片标识、微卫星（STR）分子标记和单核苷酸多态生（SNP）分子标记 3 种，电子芯片标识可单独使用或与其他 2 种方法相互配合使用。

动物的电子芯片标识是用来标识动物属性的一种具有信息存储和处理能力的射频标识，根据不同的用途可以分为植入型、耳挂型、留胃型和脚环型等。对于长臂猿等灵长类动物，因为其灵活的四肢和生活特性，耳挂型、脚环型等佩戴性挂牌往往会被动物自己取下或由同伴取下，所以常采用植入型芯片标识。由于该电子芯片一直处于潜伏状态，只有用脉冲转发器的阅读装置或扫描装置才能激活，因此其使用寿命很长。

根据国家林业和草原局全国野生动植物研究与发展中心发布的《活体野生动物植入式芯片标记技术规程（试行）》，电子芯片标识主要的操作程序如下：

①确定需要标记的数量，申领活体野生动物植入式芯片及阅读器等标记所需物品。

②建立标记工作组，确定现场指导员、标记员、记录员、兽医、DNA 采样员、保定员和协助人员等。

③准备好标记所需的各种药品、消毒材料、标记工具、保定工具、测量工具、记录工具等。

④需要化学保定的动物个体需要在标记前一天开始禁食并观察其健康状况。

⑤确定保定成功后，检查动物身体的标记部位，长臂猿的标记部位一般为左前臂部内侧，毛层较厚的情况下可以视情况剪除部分毛发。

⑥扫描标记部位，确定无芯片后严格消毒注射点部位，然后扫描密闭的注射器针头，阅读芯片代码，打开包装取出注射器，将针头注入动物皮肤。

⑦扫描芯片植入部位，确认其处于适用位置。

⑧揭下注射器外包装上的标记代码条形码，粘贴于"活体标记野生动物个

体信息表"的相应位置，并在表上准确填写和记录标记动物个体的基本信息。

根据国家林业和草原局的要求，重点动物的转移都需要芯片标识，因此不论是个体差异鲜明的动物（如猩猩、金丝猴），还是个体差异不明显的动物（如长臂猿、黑叶猴），在个体识别中都需要采用芯片标识。标识前需要通过训练将动物转移至挤压笼进行保定，或配合兽医治疗时进行标识，尽量避免对动物进行伤害较大的处理。操作由主管兽医完成，标识部位尽量选择方便操作和日后方便扫描的位置进行，通常在左前臂中部内侧，也可根据实际情况而定，但必须记录清楚。标记完成后需要用扫描装置进行核实，并对动物伤口进行消毒处理。

刺纹标记是指利用特制的刺纹器具，将动物的谱系号或相关个体信息用纹身的方法永久地标记在动物身体的某一部位，以便标识动物。目前对长臂猿进行刺纹比较理想的部位是腹股沟内侧和口腔下嘴唇内侧皮肤，刺纹部位易于刺纹并且比较隐秘，不易脱落和消失，且终生有效。但是由于此标记方法存在一定的伤害性与局限性，建议最好不用。操作程序如下：

①首先调节好纹身器针头穿刺的深度。

②麻醉长臂猿后，按一般手术操作规程对选定部位剃毛和消毒。

③在确定长臂猿谱系号后，手握紧纹身器，在黑盒中蘸取适量刺纹液（墨汁或墨水），开始刺纹。穿刺应垂直皮肤，刺纹深度应以刺透皮肤为准，不要伤及皮下组织；为确保刺纹的安全性，一般选择在长臂猿的腹股沟内侧皮肤和口腔下嘴唇内侧皮肤同时刺纹。

④刺纹过程中，应观察刺纹是否清晰，数字的大小是否合适。长臂猿的谱系号一般由 3 个数字组成，没有重叠，具有唯一性。每个数字的刺纹大小不要小于 20mm，数字间距要大于 6mm。

⑤在检查刺纹编码时，如果发现编码不清晰，可在原处用同样的编码号再刺纹一次，以保证编码的有效性。

2. 微卫星与核苷酸分子标记

分子标记是基于 DNA 多态性的标记法。微卫星与核苷酸分子标记是利用个体基因组 DNA 序列多态性，识别个体和分析亲缘关系。一般长臂猿饲养机构采集每只个体的毛发（带毛囊）或粪便，由专业机构完成 DNA 的提取和微卫星分型，通过比较不同位点的遗传信息，建立个体遗传学档案或编码，以区别不同个体（表 2 - 17）。

（1）血液样品的采集与保存方法为：①用 5mL 医用注射器从长臂猿体内抽取 2～4mL 血液，立即将血液转移至加入抗凝剂乙二胺四乙酸（EDTA）的真空采血管；②标记采血管编号，记录血样的详细信息，如个体的名称、谱系

表2-17 冠长臂猿属的多态性微卫星位点

位点	引物序列 (5'—3')	退火温度 (℃)	重复序列	片段大小 (bp)	等位基因数	个体数 (只)	观察杂合度	期望杂合度	多态性	P值
NC15	F: CCAAACAAAGGCATGACACTG R: CCCTCGCTCCATTTGAAGAG	56~61	(ACTC)$_n$	150~162	4	11	0.545	0.758	0.673	0.040*
NC17	F: TTCTCTTCTGGCTCTGCAGG R (out): GCAGTGAGCCAAGATCATACC R: AGCCAGACTCCACCTCAAAG	56~61	(AGAT)$_n$	176~180	2	12	0.333	0.507	0.368	0.258
NC20	F: GCGAGTTACCAGCGGAGATTG R (out): AGAACTGGAAGAAACAGGACAAGC R: ACTGGAAGAACAGGACAAAGCAGG	56~61	(AC)$_n$	160~182	6	12	0.667	0.822	0.759	0.008**
NC22	F: GGCACAACCAGTTACAGATTTCG R: GGGGCAGTGTTTAGCCGAGTAG	56~61	(AAT)$_n$	227~240	5	12	0.750	0.746	0.661	0.549
NC23	F: TGCCCTCAGTGCTCCAATCTC R (out): GACTTGAGTTTAGCTATGCCACT R: GGTCATGCTCCATAATCATGTGAG	56~61	(AGAT)$_n$	182~202	6	12	0.917	0.822	0.756	0.775
NC28	F: ATCCAACCAGATCCAACATGAAG R (out): CTTGAACCTGGGAGGCAGATC R: AGAGGCAGATCACGCCACTG	52~57	(ACAT)$_n$	226~250	4	12	0.500	0.543	0.451	0.453

（续）

位点	引物序列 (5'—3')	退火温度 (℃)	重复序列	片段大小 (bp)	等位基因数	个体数 (只)	观察杂合度	期望杂合度	多态性	P值
NC32	F: CGACACATGCCCAGATTCC R (out): GGGGGACACGAAAGCCAATT R: GCGCCAATTGAAAGACTACCCTAT	56~61	(AGAT)$_n$	153~165	4	11	0.727	0.727	0.640	0.637
NC33	F: GAGTTCAGCCAGGTTTGGAC R: AGATTCCGCCATTGCACTCC	56~61	(AGAT)$_n$	119~143	5	11	0.545	0.810	0.736	0.005**
NC34	F: CCTGACCACAGTAGGCACTC R (out): AAGTCAGTTAAGCCTCCCTCC R: GTTAAGCCTCCCTCCAAACCC	56~61	(AACC)$_n$	202~210	3	12	0.500	0.424	0.371	1.000
NC35	F: GGTAACATCCACAGCTTGCTAAC R: TAAATTGCACAGTCTTGGGTATG	56~61	(AAAT)$_n$	218~230	4	12	0.750	0.659	0.561	0.849
NC36	F: CTACTCTGAAGACAAATCAGGTC R: GCAGGCAATTTATTCCAACAACAG	56~61	(AAAT)$_n$	206~237	8	12	0.667	0.815	0.755	0.014*
NC37	F: ACCCTGGGGCCTGTCAAT R (out): ATGAGCCACCGTCGCCTAG R: ACCGTGCCTAGCCTCT	56~61	(AAT)$_n$	210~246	6	12	0.750	0.710	0.643	0.783
NC38	F: CCCCATCATGTGAGCTCAAAG R (out): TTACTGATAATGTGCCTGTCACT R: GCCTGTCACTGGCCAGGT	56~61	(AAT)$_n$	243~255	5	12	0.750	0.743	0.665	0.500

注: * 表示差异显著 ($P<0.05$); ** 表示差异极显著 ($P<0.01$)。

号、年龄、性别及个体间的亲缘关系等；③将处理的每个血样分别放入密封袋中，编号登记后分开保存，避免互相污染。血液样品可在−20℃下保存数天，一般不超过3d，保存时间越短越好，最好将样品立即放入−80℃的超低温冰箱中长期保存。

（2）皮张样品的采集和保存 在长臂猿的大腿内侧剪毛后，经常规消毒，利用无菌刀片从动物个体皮肤上采集适当大小的皮肤样品（0.5mm×0.5mm），放入存有组织培养液的采样管中，并在采样管上记录样品的来源、动物性别、动物名称、谱系号、采样时间等。然后在液氮中冷冻保存。

DNA的提取和微卫星分析由有条件的专业机构来完成，完成后建立个体遗传学档案或编码。

（3）其他DNA样品的采集和保存 采集长臂猿的粪便样品进行DNA分析时，尽量采集新鲜的粪便，采集者应佩戴一次性手套，避免人为污染。采集时，以棉拭子尽可能刮取粪便表层的样品，将样品置于50mL离心管中，采用两步法（99.9%酒精浸泡12～36h干燥后，弃酒精后加入适量硅胶干燥，此法容易造成人类DNA污染样品）处理后常温保存，直至带回实验室置于−80℃冷冻长期保存。毛发样品置于50mL离心管中，采用99.9%酒精常温浸泡保存，直至带回实验室取出毛发样品，再经硅胶干燥后置于−80℃长期冷冻保存。样品置于50mL离心管中，采用99.9%酒精浸泡保存，直至带回实验室置于−80℃冷冻长期保存。采集样品时应明确动物个体来源，尤其是合笼圈养的多只长臂猿样品。

3. 性别鉴定

0～6岁幼龄长臂猿的性别难以从外形上鉴定，如是人工育幼的个体可以通过翻查生殖器来鉴定其性别。长臂猿初生幼猿的性别，可以根据幼猿外露生殖器官的形态和通过刺激观察幼猿排尿的方式来进行鉴定。首先，雌性阴门下方的圆形隆起和雄性包皮的外形相似，雌性幼龄长臂猿的阴门上方为一浅纵沟，至阴门处有一切口，呈Λ形；而雄性则在阴门中间有一开口，呈O形。其次，外生殖器开口至肛门的距离也有较明显的差别，雌性会阴部的隆起至肛门的间距较短，而雄性尿道口至肛门的间距相对较长，雌性的间距约为雄性的1/2。最后，将幼猿仰躺，与地面呈45°角，然后人工刺激幼猿排尿，雌性所排尿液会沿着会阴流向肛门；而雄性所排尿液会呈直射状，而不顺着皮肤流淌。亚成体长臂猿的性别可通过头部冠斑的形状加以区分，如北白颊长臂猿雄性的头部冠斑较大且耸立明显，而雌性头部的冠斑较小且耸立不明显。成年长臂猿的性别可依据长臂猿的外生殖器及体毛颜色加以区分。对于自然哺育的个体，可以采集其毛发或粪便样本，通过SRY基因序列或其他分子标记来鉴定其性别。鉴定样本采集与保存方法同 DNA 样品，应由有条件的专业机构来完成，完成后记录相关信息，并建立个体档案或编码。

4. 冠长臂猿属的物种鉴定

在进化生物学研究范畴内，野生环境中物种间的杂交对新物种的形成和类群间遗传多样性的影响都有着重要意义。然而动物园作为濒危动物的保护机构，圈养的动物个体应该代表它们的野生同胞，圈养条件下的杂交后代没有任何生物学意义。圈养条件下的杂交后代影响保护物种放归野外的复壮种群计划，并且杂交后代在其一生中都可能承受未知遗传疾病发作的危险。在谱系地理研究中采用动物园杂交个体作为纯合个体的谱系研究也容易造成结果偏差，甚至得出错误的结论。从物种保护角度来看，禁止动物园圈养个体杂交及避免杂交后代再繁殖无可争议。

据报道，现今的国内外动物园内也存在圈养动物种间杂交问题。个体物种鉴别错误是导致圈养动物种间杂交最主要的原因。圈养个体地理来源不明确，圈养时个体尚处于婴幼期、青年或亚成年阶段，分类形态特征不明显，新的分类学研究将原先一个独立种划分为两个或两个以上独立种或亚种，这些都会导致物种判定错误。此外，不同种雌雄个体合笼圈养，也是产生杂交后代的原因之一。濒危保护动物长臂猿在各地动物园圈养繁殖过程中也难逃种间杂交的命运。

目前国内动物园圈养长臂猿主要为南黄颊长臂猿、南白颊长臂猿、北白颊长臂猿、东白眉长臂猿和少量戴帽长臂猿。种间杂交多存在于冠长臂猿属内，即南黄颊长臂猿、南白颊长臂猿和北白颊长臂猿 3 个种之间。目前国内动物园部分圈养个体的来源记录缺失，配对繁殖记录缺失，青年个体的亲本来源不明，无法直接从父母鉴别其是否为杂交后代，因此采用分子生物学方法鉴别圈养青年个体是否为杂交后代，对制定圈养濒危物种长臂猿的繁殖计划和保护工作尤为重要。

近年来兴起的基因条形码（DNA barcoding）技术，是通过采用一对通用引物扩增种间多态性基因并测序，测得的序列提交数据库搜索比对，然后以此鉴定物种或建立新物种。常用位点为线粒体细胞色素基因如 COXI. Cytb，既具有种间多态性，近源物种间序列的差异足够将它们区分开来，基因侧翼序列又足够保守，可用于设计通用引物，基因长度通常在 1 000bp 左右，濒危物种采集破碎程度较高的非损伤样品 DNA 也可以成功扩增，试验简单便捷，仅需一轮 PCR 和测序。然而该技术也有其局限性，如母系遗传的线粒体基因仅仅代表这一个体的母本物种来源，适用于鉴定野生纯合种，且当一个新的物种被提出而基因条码数据库未更新时，基因条码搜索会导致错误的鉴定结果。基于

SNPs 和 inDel 的高通量测序的方法可以获得更多的种间 DNA 差异信息，这种方法可以用于不同种类的长臂猿鉴定，也可以区分纯种个体与杂交个体，还可以用于亲缘关系分析与遗传多样性评估等方面。目前这一方法仍处于研究和探索中。

细胞生物学研究技术也常常用于鉴定种间杂合子。杂合后代具有亲本各一组染色体组，经过染色体重组后，表现出与亲本不同的染色体图谱，采用核型分析［C 带、G 带（图 2 - 39 至图 2 - 43）、R 带、荧光原位杂交］即可将其区分开来，操作简单便捷。并且研究发现，很多在进化地位中处于非常近的真核生物，彼此的核型中却差别很大。传统的核型分析鉴定杂合个体的方法一直沿用至今，在各个野外杂合类群鉴定中发挥着重要的作用。

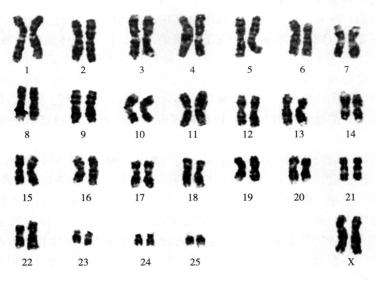

图 2 - 39　北白颊长臂猿纯合子 G 带核型

注：在 7 号染色体上，与人 22 号染色体同源片段发生倒位。

（二）日常操作规程

1. 饲养工作日程

应根据长臂猿的特点制定专门的饲养工作日程，包括日常饲喂（食物种类、饲喂时间、饲喂方法、饲喂量等）、清扫、记录、消毒等工作内容。先对饲养员进行岗前培训，强调应严格按照饲养工作日程开展工作。

应每天清理笼舍地面、草地和栖架上的食物残渣、粪便等废弃物，清洗盛

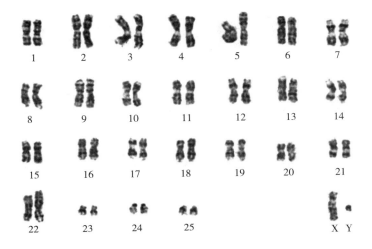

图 2-40 南白颊长臂猿纯合子 G 带核型

注：与北白颊长臂猿核型相比，1 号和 22 号染色体发生易位。

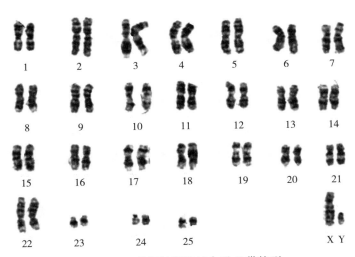

图 2-41 黄颊长臂猿纯合子 G 带核型

注：与北白颊长臂猿核型相比，1 号和 22 号染色体发生易位，7 号染色体未发生倒位。

水容器，更换饮用水，每周更换或清洗玩具、毛巾等安抚物。

定期对内外舍的地面、墙壁、门窗、栖架等设施进行消毒。宜选择无残留或低残留的环境消毒药物，可应用火焰消毒等方式。使用环境消毒药物消毒 30min 后用清水冲洗干净。日常管理中，冬季应每周消毒 1 次，其余季节每周

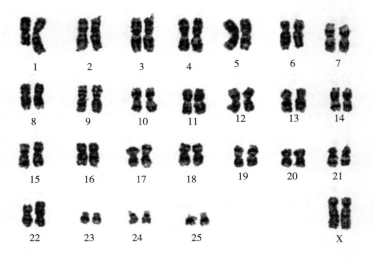

图 2-42　南白颊长臂猿与北白颊长臂猿杂交后代 G 带核型

注：与北白颊长臂猿相比为染色体易位（1：22）的异型合子。

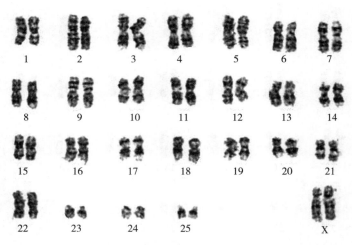

图 2-43　南白颊长臂猿与黄颊长臂猿的杂交后代 G 带核型

注：与北白颊长臂猿相比为染色体易位（1：22）的同型合子，7 号染色体易位的异型合子。

消毒 2 次。外周环境消毒时需等消毒药物充分挥发后方可外放动物。

　　饲喂用具每周消毒 1 次，奶瓶等使用前后煮沸消毒或蒸汽消毒。宜每年使用火焰对墙壁和地面进行 1～2 次消毒。

　　应定期对饲料加工间、治疗间、操作通道、仓库、工作间、休息室、专用卫生间等辅助设施的地面进行清洁消毒。

应在场所出入通道设置车辆消毒池或采取其他有效的消毒措施，人员出入口应设置消毒池或消毒盘，便于人员进出时消毒，并应定期更换消毒液。消毒药宜选择次氯酸钠类、季铵盐类、高锰酸钾、过氧乙酸类、氢氧化钠等消毒药物，并配制成合适浓度且轮换使用。

2. 安全操作规程

成年长臂猿具有较强的攻击性，尤其在发情期和繁殖期，常见的攻击行为有追打、抓咬等。因此，应制定相应的安全操作规程，并要求饲养员熟练掌握。

对于大于 4 岁的长臂猿，饲养管理人员应隔笼操作；对于无法完全隔离的笼舍，应配备相应防护措施后进行操作；应为长臂猿笼舍安装监控设备，便于员工进行长臂猿的观察；应定期演练长臂猿逃逸应急预案。

应对长臂猿笼舍内各类丰容、树木围挡、玻璃窗、防逃逸等设施和器物进行安全效果评估，制作材料应安全、环保，防止笼舍内各类物理因素伤害长臂猿；应按照制度要求，定期检查栖架、绳索、吊床等材料的安全性，并及时更换、维修相关设施，防止破损、老化、弹性增大等问题，防止长臂猿抓握不牢，或缠绕窒息甚至死亡等情况；应通过设置警示牌、工作人员定时巡视、改善隔离设施等，防止游客投喂或投掷击打长臂猿；笼舍内不应存放杂物、废弃物或危险物品。

（三）捕捉与保定

在实际工作中，经常遇到因运输、调笼、治疗等操作需要捕捉或保定动物。应根据动物个体的具体状况及作业目的等确定捕捉方法，尽量缩短捕捉、保定的时间，最大限度地降低动物因此产生的不良反应（刘学峰，2016），同时保证操作人员的安全。正式操作之前，应制定相应的方案，确定合适的时间、地点、人员数量及分工。不宜在炎热或闷热的气候条件下进行捕捉，如一定要在此时作业，则要选择在气温相对较低的凌晨。参与人员应服从指挥、各司其职、配合默契，并提前准备好捕捉工具、笼箱、药品和车辆等（刘学峰，2016）。

1. 捕捉

首选的捕捉方法是正强化训练，使动物主动进入目标笼箱取食并习惯进出笼箱，这应是饲养员的一项常规、长期的工作。也可以提前几天把笼箱放入笼舍内，并在笼箱内放入食物，使动物习惯在笼箱内取食。比较常用的方法是串笼：运输当天或前一天，先将动物关入内室或隔离间，然后将笼箱门对准推拉门，将笼箱固定，并封闭周围的空隙，然后打开推拉门，利用动物想外出活动的习惯，将动物串入笼箱，有时可借助食物。运输当天，动物进入笼箱后，应立即封闭笼箱或通道。徒手捕捉和用网抓捕会对动物造成应激，且长臂猿有较强的攻击性，所以应尽量避免；捕捉时，应至少2人配合。

如果无法通过训练实现捕捉，可使用扣网，扣网一般为用尼龙绳编织成的网兜。网口系在直径60cm的钢圈上（钢圈直径1cm），连接有160～180cm长的空心钢柄，网眼直径小于3cm，以避免动物头部、四肢伸出网外。用网捕捉动物时动作要迅速、准确，如果一次不成功，可让动物暂时休息，避免体力消耗过大，对动物不利。过程中要注意避免损伤动物头部及其他要害部位（刘学峰，2016）。动物入网后，一是选择立即将其转移到保定笼或运输笼内：将笼门开到与网口大小一致，同时将网兜紧扣笼门，让动物自行进笼或推其进笼，并立即关闭笼门，保定笼应有2个空间，并有压缩装置，以便兽医进行采血、治疗等操作。二是直接网内保定：对于力量不大的长臂猿可以直接在网兜内保定，即一人按住头部，其他人按住四肢，但要注意力度。三是将动物取出：将网兜按在地上，先由一人抓住长臂猿的头部，以防其回头咬人，再将长臂猿的两上肢反背于身后并用双手攥紧，此时要注意长臂猿的肩部关节非常灵活，且手臂较长，应在不损伤动物的前提下，尽量抓紧靠近肩部的上肢部分，避免动物翻转，另一人抓握下肢，将动物从网中取出。

2. 保定

宜采用行为训练方式将动物串入保定笼进行保定。物理保定可使用扣网捕捉，选择合适的扣网进行操作。化学保定应执行《动物园动物化学保定操作规程》的要求。

长臂猿的牙齿非常尖利，因此保定动物必须佩戴保护手套，以防被咬伤，并有2～3人配合。咬伤可能导致疾病从动物传播给保定者，也可能从保定者传播给动物。

保定笼一般选用挤压笼，又名压缩笼，是指一类可伸缩改变三维空间大小、限制笼内动物活动的金属笼［《动物园术语标准》（CJJ/T 240—2015）］。除鸟类以外的其他动物均可设计不同规格、材质及压缩模式的挤压笼，以限制其活动，便于医疗检查、行为训练或者短途运输。

图2-44和图2-45为南宁市动物园设计的保定笼，长120cm、宽55cm、高120cm（上半部分，即钢筋笼部分高80cm），笼门宽30cm，钢筋焊接，钢筋间隙10cm，能让动物的单个手脚伸出，笼内压缩装置的中部有一定弧度，避免挤压对动物造成损伤，保定笼下装有轮子，方便移动。保定笼一般用于需要临时治疗的亚成年、成年长臂猿或需要长期治疗的动物。

图 2-44　南宁市动物园保定笼正面　　　图 2-45　南宁市动物园保定笼侧面

（四）运输

1. 运输方案

运输前应制定详细的运输方案，包括准备运输相关文件（驯养许可证、检疫证等）、核对动物档案、笼箱检查、车辆安排、制定运输路线、人员安排及运输途中的护理和应急措施等。运输前确保所有相关人员都能清楚了解运输方案。

2. 运输准备

在运输之前，运输笼应在动物笼舍内提前放置至少1周，让动物能自由进入运输箱，以熟悉运输笼，从而减少正式运输时的紧张感，并标记自己的气味。训练动物自愿进入笼箱可以减轻压力，也能减少兽医保定的需要。运输笼的制作材料首选木质原料，以便气味吸收，如没有木质原料，则可以增加一些垫板或垫料。

应进行个体识别，凡是被输出的个体都应有微芯片或其他永久性身份识别方法。运输前用芯片阅读器等扫描动物的微芯片编码，查证后标注在笼箱上。

3. 笼箱要求

运输笼应符合国际动物运输协会（IATA）的相关规定，笼箱大小应根据动物的实际大小制作，使动物能站立、旋转，且能以自然的姿态躺下休息。长臂猿的运输笼箱一般长70cm、宽70cm、高80cm，对于体型较大的合趾猿等个体应适当调整运输笼尺寸。要注意运输箱不能有空格，避免动物把手伸出。每道门上都应有挂锁、铁线、扎带或其他的安全防护措施，门锁的钥匙应在笼箱附着的运输文件里。很多飞机的货舱都能给动物提供足够的空间，但也应与航空公司联系得到准确的测量数据（AZA，2012）。

（1）结构　笼箱结构应合理，能防止被其他货物损坏或弯曲、变形；应足够结实，能让动物一直待在里面，且未经允许不被接触。

（2）材料　笼箱材料有木材、金属片、铁丝及其他轻型材料。应避免使用化学浸渍的木材，防止对动物造成毒害。

（3）框架　是用螺丝或螺栓拧在一起的木材、金属或无毒塑料制作而成。必要时可以在坚硬的塑料宠物笼中增加额外的强化支撑。

（4）侧面和正面　笼箱侧面的材质可以是木材、金属或塑料，正面由 2/3 硬质嵌板及上方 1/3 以金属网封闭的通风口组成。

（5）手柄　在笼箱的 3 个侧面都应有手柄。

（6）底板和垫料　运输中应有装置将动物与粪尿分开。一种方法是在底板上垫吸水性好的干草、稻草、木屑、碎纸板或纸张，但是如果所运输的动物没有接触过这些垫料，则不建议使用，以免误食。另种方法是在运输箱底部使用条状底板，在条状底板下方放置托盘，托盘要锁定或在底板前方加一道门槛来防止排泄物流出。

（7）箱顶　顶部应牢固，并有网状通气口。

（8）门　前门应做成与整个笼箱同高的垂直滑动门，且被锁定。

（9）通风设备　笼箱两个长边的底部、侧面及正面上方的 1/3 处都应有网状通气口（网眼直径 2cm）。用网封住通风口时，要注意保证内侧没有锋利的边缘。可以用棉布或类似的幕布遮盖所有的通风窗。

（10）食物和水的容器　笼箱内要有盛食物和水的容器，可以是固定的或能转动的。如果是固定在笼箱内，应固定在高处，避免动物坐在容器上，同时能保证从外面向笼箱内添加食物和水时，动物没有逃脱的机会。

4. 食物和水的要求

盛放食物和水的容器应保证从运输笼箱外能接触到。水应按要求添加，但不能过深导致动物被溅湿。当无法供水时，含水食物如葡萄等也可以帮助提供水分（AZA，2012）。

5. 贴标识

空运时必须根据航空公司的要求准备好标识，并贴在笼箱相应位置，提醒机场工作人员注意。应在笼箱顶和至少一个侧面贴"活体动物"标签，在四个侧面贴"此面朝上"的标识，并用指向顶部的箭头标出动物的正确放置方向，以及"请勿倒置、投喂或饮水"等标签。还要在笼箱上贴邮寄双方的姓名、地址、电话号码，以保证航空公司在出现困难时及时与寄出方取得联系，国际动物运输协会还要求在笼箱上标示动物的温度范围、饮水要求及喂食说明（刘学峰，2016）。

6. 运输路线及时间的选择

运输时间应尽可能短，使动物的应激反应降至最低。应避开动物饲养场所、人员密集地等区域，减少对动物的不良刺激。同时关注天气预报，避免在极端天气运输。根据实际运输路线选择运输工具，500km 以内一般可选择汽运，500km 以上一般选择空运。

动物进入笼箱后，应立即关闭笼门，检查确认动物无异常、笼箱安全稳固后，固定螺丝或笼箱门。动物进入笼箱后应等待几分钟再搬运上车，搬运过程中应轻抬轻放，不得倾斜，以免动物受到伤害。

通常来说，空运不需要人员随行，员工应在动物登机前一直陪伴动物，并在动物落地后第一时间见到动物。陆运时，如果运输时间超过 8h，应至少有 2 人跟随运输，其中至少有 1 名司机，建议陪同动物的人员要熟悉该动物及其紧张时的表现。

7. 汽车运输注意事项

应选择有空调货箱的汽车，装运前根据兽医要求对车辆进行清理、消毒，检查车辆是否适合安全运输。驾驶员应有丰富的经验，确保车辆安全、平稳行驶，高速公路上一般不超过 90km/h，国家二级及以下公路一般不超过 60km/h。车辆要有足够的空间便于观察动物并保持空气流通（刘学峰，2016）。

8. 飞机运输注意事项

运输前应与航空公司联系，核实笼箱规格是否符合要求，确保动物笼箱能在最后的时间装上飞机、最早的时间卸下飞机。笼箱存放区域必须防止动物接触任何装置排放的气体并保持适当的温度。将动物从飞机转移到货运地点时，航空公司应尽量减少对动物的刺激。

应提前与机场工作人员联系，确定运输车的停放位置，使动物尽快通过安检，到达安静的位置候机。同时与接收方联系，到达目的地后尽快放出动物（刘学峰，2016）。

七、长臂猿的医疗管理

（一）整体要求

长臂猿作为典型的树栖动物，由于各动物园的环境、气候、地理位置的差异，在圈养环境中可能面临不同的健康问题。本章旨在整理当前圈养长臂猿的健康检查、化学保定、常见疾病、预防医学、解剖、人兽共患传染病、动物福利等内容，供相关人员借鉴。

作为和人比较接近的灵长类动物，多种致病微生物有在人和长臂猿间潜在的传播可能，饲养人员和兽医应做好个人防护。

圈养展示环境下，公众展示区域的围栏设计应尽可能减少人兽共患传染病发生的概率。笼舍设计应尽量减少不同灵长类动物之间的直接或间接接触，特别是对于非洲和亚洲物种，同时应使饲养员和游客之间保持必要间隔。室内环境条件应尽可能与长臂猿的自然栖息地相似。应定期监测湿度、温度和通风情况，相关设备需要定期维护和清洁。

应特别注意室外场地的整体安全性，避免留有锋利的边缘，并排除长臂猿溺水的可能。操作通道必须足够宽和高，防止动物伸手拉扯或以其他方式伤害饲养人员。应设置可隔离区域，用于各种目的（新个体引入、训练、转移等）的操作。隔离区域也应考虑兽医操作的便利性，如具备便于远距离注射、无视线障碍、防止动物从高处坠落、易于消毒等特点。

（二）健康检查

1. 日常健康检查

此项工作通常由饲养员实施，一般在早晨动物进食前进行，需要观察每只个体是否有异常行为或状况。

异常行为包括但不限于精神萎靡、少食、呕吐、离群、行动缺乏协调。观察外观是否异常，包括毛发、眼睛、口、鼻和泌尿生殖道等部位。观察粪便及尿液是否有异常，包括颜色、形态（松散、黏稠等）及是否带有病理物质（血液、黏液和寄生虫体等）。

观察完成后清扫笼舍，按计划消毒，最后饲喂动物，并观察动物的食欲状况。日常饲养过程中，饲养员应记录长臂猿每天的食物摄入量、特异性行为（包括繁殖行为）。饲养员需要用足够多的时间进行日常观察，对所有异常表现如实记录，以便兽医准确获取信息。

2. 例行体检

建议每年安排至少 1 次体检，常规体检项目包括一般检查（内科、外科、牙齿、口腔、耳、鼻等）、影像学检查（X 线和 B 超等）、实验室检查（血液、尿液、粪便常规）。保存体检数据便于日后查询，同时应留存各类血液等生物样本以备进一步分析研究。粪便寄生虫的检查 1 年至少进行 2 次，推荐每季度 1 次。

长臂猿体检需采取保定方式进行，可将长臂猿移至保定笼内固定四肢，但应注意保定时间不宜太长。物理保定相对来说对动物造成的应激较大，适合短时间的检查。因为长臂猿身体四肢修长，躯干占比较少，远距离化学保定可能有难度，可以考虑物理保定后注射麻醉药物，以减少应激。远距离注射的部位是臀部肌肉和大腿区域，也可选择肱三头肌或肩部区域。

通过行为训练可使长臂猿配合各项医疗操作，如手动注射药物。很多灵长类动物训练后会接受肌内注射，甚至可以为了配合采集血液或静脉注射而从笼子里伸出手臂。

3. 医疗记录及个体识别

长臂猿需建立并保留完整的医疗记录，特别是接受体检或治疗的个体应建立个体病历。须完整记录治疗的性质、手术程序、麻醉程序、实验室检查结果等全部信息。

长臂猿需按要求植入芯片，幼体动物可在断奶后体检时一并埋植电子芯片。埋植部位以左前臂内侧中央为宜，一般在出生后1年之内完成标记。

（三）化学保定

1. 常用化学保定药物

常用于灵长类动物的麻醉药物及方法，大部分也可用于长臂猿，但不同的麻醉药物具有不同的药物特点，选择使用时需要谨慎。以下介绍国内常用的几种麻醉药物：

（1）盐酸氯胺酮（Ketamin）　5～10mg/kg（以体重计）静脉或肌内注射。氯胺酮属于短效麻醉剂，具有安全范围大、作用快、诱导时间短及效果确实等特点，一般肌内注射后5～10min可完全发挥作用。本品对呼吸只有轻微影响（抑制），对肝、肾功能未见不良影响，对唾液分泌有增强现象。单用氯胺酮时，麻醉过程中动物易出现抽搐、体温升高等副作用，且肌肉松弛效果差，可与 α_2 受体激动剂（如赛拉嗪、地托咪定、右美托咪定）或苯二氮卓类药物（如地西泮）合用，并用阿托品缓解流涎。临床上常与赛拉嗪或右美托咪定合用，也可与地西泮合用，能提供良好的肌肉松弛、镇痛效果以及平顺的苏醒过程，如需更进一步的镇痛可添加布托啡诺。

（2）盐酸赛拉嗪（Xylazine）　又名盐酸二甲苯胺噻嗪、隆朋，目前国内商品名有陆眠宁等多种称呼，是第一个用于兽医临床的 α_2 肾上腺素受体激动剂。该药物通常与氯胺酮或舒泰等合用，有特异性解药，国内目前使用苯噁唑（Idazoxan）为拮抗剂。赛拉嗪的缺点是心血管抑制作用呈剂量依赖性。一般在长臂猿上可采取1～5mg/kg（以体重计）肌内注射。

（3）舒泰（Zoletil®）50　为替来他明和唑拉西泮的复合物，主要用于基础麻醉及短时间手术麻醉，3.0～7.0mg/kg（以体重计），可肌内或静脉注射，见效快，通常1～3min可完全麻醉，麻醉持续时间20～40min，其间可进行追加注射。麻醉效果优于以氯胺酮为主的复合麻醉，但由于没有特异性拮抗剂，完全苏醒较慢，有时动物需要2～4h才能完全苏醒，在野生灵长类动物上应用时需要注意。单独使用舒泰的苏醒时间依赖于剂量，建议短时间操作时用低剂量。

（4）复方氯胺酮 为15％氯胺酮和15％赛拉嗪配伍而成。经多数动物园应用，证实该药应用于灵长类动物时麻醉效果确实，且用药量小，对长臂猿可肌内注射2.0～2.8mg/kg（以体重计）。但因其氯胺酮及赛拉嗪比例为1∶1，不能满足临床上的灵活配伍的要求。

（5）美托咪定（Medetomidine） 是已知效力最强的 α_2 肾上腺素受体激动剂，药理与赛拉嗪类似。商品名为多咪静®（右美托咪定，Dexdomitor），每瓶10mL含5mg右美托咪定，解药：咹啶醒®（盐酸阿替美唑，Antisedan），每瓶10mL含50mg盐酸阿替美唑。

综上，长臂猿的化学保定首选氯胺酮与赛拉嗪或美托咪定合用，可加阿托品，此方案有特异性拮抗剂，并可视麻醉情况追加氯胺酮，同时注射解药后动物很快苏醒且过程平稳。

2. 化学保定注意事项

在对长臂猿化学保定用药前，需按计划提前6～12h禁食，并根据长臂猿的体重、体况等情况确定用药剂量。如果使用吹管注射，注意吹注的部位，避开头、颈、腹部等重要部位，以免发生意外。

麻醉前10min注射阿托品，防止麻醉期间长臂猿出现心律不齐、心动过缓、口腔分泌物过多以及呕吐等现象。为了避免多次注射产生应激可与麻醉剂一同注射。

麻醉药物注入机体后，密切观察记录长臂猿诱导期内的反应，以及完全进入被制动期的时间。进入麻醉期后，保定人员按照分工要求对长臂猿进行物理保定，同时摆正抬高动物头部，使其口腔向下，防止口腔异物倒吸入气管；同时兽医人员监测长臂猿的心率、呼吸、体温、口腔分泌物等状况。长臂猿麻醉期间，维持体温，保持静脉通路顺畅，补充体液，必要时进行抢救用药。

长臂猿苏醒期间，兽医及护理人员在场密切观察，防止意外情况发生，如舒泰等药物由于没有拮抗剂，苏醒时间有时较长，需要等动物完全苏醒后人员方可离开。若苏醒时长臂猿在保定笼内，要在保定笼内四周、底部铺设稍软的材料，避免动物苏醒时因挣扎导致头部外伤等意外。动物苏醒后一般6h内不予喂食。

(四) 常见疾病

在圈养条件下长臂猿可发生多种类型的疾病，疾病发生与日常防治、饲养管理、笼舍状况等因素息息相关。同时由于国内各长臂猿饲养机构地域分布范围较大，各地气候温度、湿度等环境因素对疾病的发生也有较大影响（张振兴等，2009）。

2013—2016 年，南宁市动物园对所饲养的长臂猿发生的病例进行了统计分析（表 2 - 18），其间共发生 313 例病例，成体长臂猿占 38%，亚成体占 42.2%，幼体占 13.4%（农汝等，2018）。长臂猿常见的疾病主要是呼吸道疾病、消化道疾病，其次是外科疾病，分别占总发病数的 64.2%、23.3%、9.9%，其他类型疾病所占的比例为 2.2%，涉及泌尿系统疾病、难产、应激综合征、破伤风、猝死等多个疾病类型。在总发病病例中，亚成体长臂猿所占的比例最大，其中呼吸道疾病占疾病总数的 75.8%。南宁市动物园亚成体长臂猿的饲养场所是由一个内室加一个外运动场地组成的封闭式结构，利于动物冬季防寒保暖，但不利于通风换气、防暑降温。因此，空气潮湿闷热、季节转换温差大、昼夜温差大等环境问题是该园长臂猿呼吸道疾病发生的主要因素。每当发生呼吸道疾病时，不能及时隔离及较好地控制病情则易引起群体发病。同时也应注意流感的发生，会引起动物和人的交叉感染，严重时造成重大的损失（冯华娟等，2016）。

表 2 - 18　南宁市动物园 2013—2016 年长臂猿发病病例统计

物种名称	不同疾病类型病例数（例）				
	消化道疾病	呼吸道疾病	肝胰疾病	外科疾病	其他
南黄颊长臂猿（成体）	21	76	1	15	6
南黄颊长臂猿（亚成体）	26	100	0	6	0
南黄颊长臂猿（幼体）	26	13	0	2	1
戴帽长臂猿	0	12	0	8	0

2014—2018 年，南京市红山森林动物园繁殖基地所饲养的黄颊长臂猿共发生病例 45 例，其中主要疾病类型为外科疾病、呼吸道疾病、寄生虫病、消化道疾病，分别占总病例数的 44.4%、24.4%、15.6%、8.9%。外科疾病的发生主要与各笼舍外运动场间的隔网和缝隙设置不合理有关，相邻长臂猿通过隔网或缝隙互相打斗，造成外伤（咬伤）；呼吸道疾病主要是由于冬季环境温度较低（加温不足）引起；寄生虫病主要包括小袋纤毛虫、鞭虫、司氏伯特绦虫等感染（冯华娟等，2013）。

1. 流感

流感是呈全球性分布的传染病，其病原流感病毒在分类学上属于正黏病毒科，是单股、负链、分节段的 RNA 病毒。贵州省某野生动物园某年 4 月出现 3 只长臂猿感染流感，2d 后 3 只长臂猿相继死亡（李达等，2015）。同时实验室检查发现伴有支原体和多杀性巴氏杆菌单独或混合感染。

流感一般多发于冬春季节，患病动物表现为急性起病、发热（部分病例可出现高热，体温达 39～40℃），伴畏寒、食欲减退等全身症状，常有咽痛、咳嗽，可有鼻塞、流涕、结膜轻度充血，也可有呕吐、腹泻等症状。轻症流感常与普通感冒表现相似，但其发热和全身症状更明显。重症病例可出现病毒性肺炎、继发细菌性肺炎、急性呼吸窘迫综合征、休克、弥散性血管内凝血、心血管和神经系统等肺外表现及多种并发症。流感的症状是临床常规诊断和治疗的主要依据。但由于流感的症状、体征缺乏特异性，易与普通感冒和其他上呼吸道感染相混淆。确诊流感有赖于实验室诊断，检测方法包括病毒核酸检测、病毒分离培养、抗原检测和血清学检测。

将可疑患病长臂猿和确诊患病长臂猿全部隔离饲养，患病长臂猿群体隔离治疗；可疑患病长臂猿加强饲养管理并合理投喂抗生素避免继发感染。病死长臂猿及其污染物彻底无害化处理，对污染的圈舍和四周环境进行严格消毒。

在日常卫生管理工作中，要严格管理引进的新物种，在冬春季节合理使用预防药物等综合防制措施，减少流感的发生。对新引进的长臂猿要进行严格的隔离、检疫，隔离期间定期进行血清学抗体检测。在饲养中发现饲养人员与长臂猿同时发生流感症状的，说明在一定情况下存在交叉感染，这时应引起足够的重视。每年接种流感疫苗是预防流感最有效的措施。

2. 细菌性肺炎

细菌性肺炎是长臂猿最常见的肺炎，也是常见的感染性疾病之一，致病微生物主要有肺炎链球菌、金黄色葡萄球菌、肺炎克雷伯氏菌、流感嗜血杆菌、铜绿假单胞菌等（图 2-46）。患病长臂猿初期出现不食、高热、咳嗽等症状，严重时鼻腔有脓性鼻液或红色分泌物流出，咳嗽症状加剧，继而出现呼吸困难等症状。临床治疗应注意鉴别诊断，进行微生物培养鉴定，做药敏试验，采用敏感药物进行治疗。圈养条件下，该病一般发生于冬季、早春，

图 2-46　幼年长臂猿细菌性肺炎
（铜绿假单胞菌感染）

笼舍温度过低或天气温度急剧下降时，可诱发肺炎；另外环境卫生状况差、笼舍不通风、霉变等因素也是引起呼吸道感染的主要因素。

　　另外，继发感染也会引起长臂猿肺部感染。北京动物园曾出现一只白眉长臂猿因趾部外伤感染引发克雷伯氏菌性肺炎后死亡的病例（刘艳等，2011）。从该长臂猿的心、肝和肺组织中均分离到纯肺炎克雷伯氏菌（陈永林等，2007）。该病例中，由于长臂猿因趾部外伤不能愈合，细菌从伤口侵入体内，使其肺部发生明显病变（图 2 - 47），最终引起败血症死亡。肺炎克雷伯氏菌为条件性致病菌，但有些强毒菌株是致病菌，致病性最强的当属肺炎克雷伯氏菌肺炎亚种。近年来，该菌引起人类和

图 2 - 47　长臂猿大叶性肺炎病理图片
注：肺泡壁毛细血管明显扩张、充血，肺泡腔内充满浆液性渗出物，呈透明粉红色，其中含有少量血细胞、中性粒细胞和巨噬细胞。部分肺组织细胞发生坏死。

畜禽的疾病也多有报道。在动物园里，由大熊猫腹泻和大熊猫肝硬化等致死的病例中，肺炎克雷伯氏菌是致病菌，因此该菌对野生动物的侵害应引起重视。

3. 产肠毒素型大肠杆菌病

　　有报道主要由产肠毒素型大肠杆菌引起白眉长臂猿出现以腹泻为主的传染病，严重时可造成死亡（腾萍等，2016）。产肠毒素型大肠杆菌病是一种流行性传染病，该病一年四季都可能出现，一般以春秋季节较为多见。大肠杆菌可造成动物肠腔内形成肠毒素，刺激肠黏膜细胞产生腺苷环化酶，从而引发过多的肠液分泌，造成腹泻。同时，产肠毒素性大肠杆菌对各年龄段白眉长臂猿的致病能力极强，若体质较差的动物被感染，则病情较为危急，发展速度较快，时常表现精神状态萎靡、食欲不振、持续腹泻、长时间蜷缩在墙角等症状，若得不到有效的治疗，白眉长臂猿死亡概率极高。成年白眉长臂猿若出现感染，则表现为急性胃肠炎病症，如果在病情早期使用高敏抗生素治疗，一般可以治愈。在日常饲养中增强长臂猿体质、对笼舍环境定期消毒、确保食物和饮水安全，是预防本病的根本要素。

4. 破伤风

　　国内曾报道白颊长臂猿的破伤风病例（黄宁等，2012）。破伤风是破伤风梭菌经由皮肤或黏膜伤口侵入机体，在缺氧环境下生长繁殖，产生毒素而引起

肌痉挛的一种特异性感染。破伤风毒素主要侵袭神经系统中的运动神经元，临床上患病长臂猿以牙关紧闭、阵发性痉挛、强直性痉挛为主要发病特征，潜伏期通常为7～8d。患病长臂猿一般有外伤史，有时无任何明显伤口。发病时根据动物有无外伤感染史，临床上是否出现牙关紧闭，以及全身各部位骨骼肌是否因发生痉挛而出现颈项强直、角弓反张及呼吸困难等症状，可做出破伤风的初步诊断。治疗上可使用大剂量的破伤风抗毒素以及抗生素（图2-48），对于机体有严重痉挛症状的病例，可应用有效的镇静药物。发病期间由于动物自身进食困难，需要进行人工填食，增加其消化系统功能（图2-49）；对于全身不能运动的动物要进行经常按摩、翻身等护理，促进其全身血液的流通。护理工作尽量由动物熟悉的饲养员负责，避免剧烈的刺激。破伤风如果治疗不及时，长臂猿死亡率较高，发病动物往往最终因呼吸困难死亡。

图2-48　患破伤风的长臂猿进行输液治疗

图2-49　患破伤风的长臂猿无法自主采食，须人工饲喂流质食物

5. 白色念珠菌病

　　白色念珠菌是机体皮肤和消化道正常菌群的常见菌，一般不致病，当机体营养不良、缺乏维生素、环境卫生差或机体长期使用抗菌药物时，则白色念珠菌感染概率增加，严重者可导致其他脏器感染发病甚至死亡。白色念珠菌病一般分为皮肤型、黏膜型、内脏型。有报道白颊长臂猿出现白色念珠菌感染引起的肠道腹泻病例（宋培林等，1993）。临床上患病长臂猿以急性或慢性腹泻为主，有时排淡黄色、泡沫状、黏液状等粪便，引起长臂猿食欲下降、精神萎

靡，呈低头蜷缩状，机体严重脱水（王艳军等，2017）。

另有报道 3 例白掌长臂猿出现白色念珠菌感染导致口腔黏膜、面颊、手臂皮肤的皮肤病变（农汝等，2004）。其中 1 例出现口唇肿胀、糜烂，先口角糜烂逐渐蔓延至唇中，糜烂面被覆灰白色假膜，可剥脱；随后脸部和鼻部的表皮稍变粗糙，呈灰白色，但不糜烂。另 2 例病变发生在手掌、指端、指缝、手臂等表皮。动物源白色念珠菌的单独感染较少发生，一般都是混合感染。

治疗上一方面根据药敏试验，采用敏感抗真菌药物，同时使用；另一方面防止继发细菌感染，采用相应抗生素。治疗结束后，应定期进行复查，以防复发。白色念珠菌易对临床药物产生耐药性，在治疗过程中可及时参考药敏试验选择敏感药物。在饲养上加强笼舍通风，保持笼内环境干燥，采取定期消毒等措施。

6. 外伤及骨折

长臂猿行动敏捷，日常活动中有争斗行为，在圈养条件下可经常出现同笼舍打斗或隔笼打斗的情况，很容易出现外伤，有时会出现四肢骨折的情况，另外体质较弱或患有骨质疾病的个体在剧烈运动过程中也易发生骨折。

对于一般外伤，可先观察机体受伤部位是否出血、是否有明显的开放性创伤，然后根据情况实施化学保定后进行外科缝合等治疗。长臂猿常见受伤部位在手指、手掌、双臂和背部。外科缝合完毕后，全身使用抗感染药物，并连续 7~10d 对伤口进行消毒，观察伤口愈合情况，有时因动物自身舔咬，会反复出现伤口裂开，需要二次缝合。

长臂猿发生骨折时，观察受伤手臂或下肢等骨折部位是否发生变形、肿胀、出血，是否出现单臂运动或运动障碍，根据情况实施麻醉保定后进行初步检查，确诊可进行 X 线检查。确诊后，进行骨折复位术。骨折复位后，因患部不稳定，容易发生再移位，因此要采用不同的方法将骨骼固定在合适的位置，使其逐渐愈合。轻度骨折时可采用夹板、石膏绷带、外固定支架、牵引制动等进行外固定（图 2-50）；严重骨折时通过手术切开创口，用钢板、钢针、髓内针、螺丝钉等进行内固定（图 2-51）。术后，进行抗感染治疗，增加骨折部位周围组织的血液循环，促进骨折愈合，防止肌肉萎缩。一般骨折治疗后，需要细心地护理，

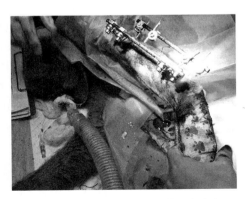

图 2-50 长臂猿肱骨骨折外固定支架

所以在日常保定治疗检查时，应注意保定方法。对于复杂或严重的骨折病例，诊断后不能进行固定复位术时，可考虑进行断端截除术（杨露等，2017）。

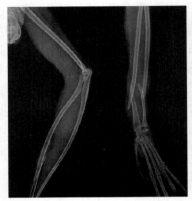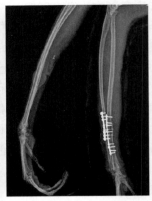

图 2-51　长臂猿尺骨、桡骨骨折 X 线检查（左）与内固定术后（右）

7. 应激

应激是机体的一种非特异性反应，属于一种适应性机制，是当机体受到外界不良因素刺激时，所引起的应答性反应，严重时继发急性应激综合征，动物可能出现休克甚至猝死。长臂猿是警惕性较强的野生动物，在保定操作时易发生应激反应。严重的应激性疾病如猝死综合征，主要发生于捕捉、治疗时，尤其是患有呼吸道疾病等基础疾病的动物更易在治疗、保定时出现急性死亡。应激反应临床上多见于戴帽长臂猿，并已出现死亡病例。在保定前可使用地西泮镇静，能很好地缓解长臂猿的应激反应。

8. 寄生虫病

国内报道的引起长臂猿寄生虫病的病原主要有阿米巴原虫、小袋纤毛虫、司氏伯特绦虫等，临床上常见的还有贾第鞭毛虫、蛔虫、类圆线虫、毛首线虫等寄生虫（李婉平等，2002）。圈养条件下，由于笼舍环境潮湿、清扫工具交叉使用及饲喂方式不当等因素，易使长臂猿反复感染胃肠道寄生虫。长臂猿发生小袋纤毛虫、阿米巴原虫、贾第鞭毛虫感染后（图 2-52），其他各笼舍很容易出现交叉感染，如果驱虫药物使用不当，则寄生虫病无法被治愈（邓长林等，2013）。使用甲硝唑类药物应注意使用剂量，部分动物个体可能出现中毒现象。裸头科伯特属（*Bertiella*）的司氏伯特绦虫（*Bertiellastuderi*）感染目前在圈养条件下也常见发生，国内动物园曾报道该绦虫感染长臂猿致死的病例（张翠阁，1988）。该绦虫的中间宿主为甲螨类（*Scheloribates laevigatus* 和 *Galumna* sp.），成年虫体主要寄生虫于宿主小肠内，脱落的孕节或虫卵随粪便排出体外，含六钩蚴的虫卵被甲螨吞食，在其体内发育为似囊尾蚴，被长臂猿吞食后，可在小肠内发育成成虫。在日常饲养中，应定期用杀螨药物消杀长臂猿笼舍的甲螨，同时定期监测并用特效药物进行预防性驱虫。体表寄生虫如疥螨、虱、蚤等会引起皮肤瘙痒、掉毛、脓皮症等皮肤病。对于出现症状的寄生虫感染，主要参考实验室检查结果进行诊断，从而选择相应的驱虫药物。为了保证动物按剂量摄入药物，有时需要对其进行物理保定（杨光有等，2013）。

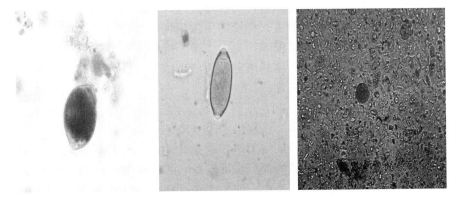

图2-52　长臂猿感染纤毛虫（40×，左）、鞭毛虫（40×，中）与阿米巴原虫（40×，右）

9. 牙病

圈养长臂猿由于经常采食高糖分水果，会出现龋齿等牙科疾病（图2-53），需要在日常的饲养和体检中，重视牙齿的检查。此外，老年长臂猿也容易发生牙病，主要表现为嘴角漏出食物、唾液分泌增多、脸部肿胀、喜欢用单侧牙齿采食、甚至不食。长臂猿发生牙科疾病时一般采取麻醉检查，根据牙齿病变的具体情况进行治疗。

图2-53　长臂猿牙龈炎（左）及牙病造成的面瘘（右）

（五）预防医学

1. 检疫

检疫工作的重要性：检疫是为了防止新引进的动物传播疫病，保护动物园内的动物和人体健康，维护公共卫生安全。引进长臂猿时必须设置检疫期，在指定的检疫场所实行检疫，检疫合格后才能正常饲养和展出。常规的检验项目有临床观察、粪便检查、血液原虫检查、疫苗接种等。

检疫期内建议进行 2 次驱虫，粪检寄生虫阴性方为合格。

检疫期间的长臂猿需隔离饲养，无关人员不得进入检疫场所。检疫场所及物品在动物检疫期间要进行严格的消毒，包括清洁工具、出入口。动物的粪便及食物残渣等要进行无害化处理。

长臂猿检疫期不得少于 30d，推荐 60～90d，如有特殊情况应谨慎处理。检疫期间患病的长臂猿，经治疗恢复健康后才能结束隔离。

检疫期间的兽医工作：从确定引进长臂猿开始，尽可能了解该长臂猿的所有信息，包括来源地和来源地的疫病情况以及动物的年龄、性别、谱系号、过往病史、疫苗接种情况。临床上，一般检查包括观察长臂猿的体态、毛色、胖瘦、精神状况、行走攀爬能力、粪便形状及食欲；应采集粪便进行常规寄生虫检查，如发现虫体或虫卵，及时使用驱虫药，喂药结束后复查，如仍有虫卵则继续驱虫直至虫卵检查阴性。

2. 预防

建议引进长臂猿时，详细了解来源地的疫病情况，必须进行严格的检疫。在圈养环境中，相比其他非人灵长类动物，长臂猿的非传染性疾病的发病率较低，主要以预防为主，节假日期间视情况减少饲料量，也可添加助消化剂，以防游客投喂后出现腹泻或便秘症状。

应进行季节性驱虫，至少每年 2 次，一般在春秋两季进行，可口服或注射驱虫药物。

国内尚未有长臂猿接种疫苗的报道。

兽医需要对长臂猿的日粮和日常管理进行定期跟踪分析，包括日粮构成、常见疾病、体检数据、死亡及繁殖等情况，及早发现营养问题，提供针对个体的日粮建议，按动物不同年龄和生理、病理状况调整饲养程序。

3. 虫害控制

许多长臂猿的传染病病原由无脊椎动物和脊椎动物携带，且病原在动物园设施内和周围环境中都可能存在。因此，应尽可能减少或消除环境中的蝇、蟑螂、蜗牛、啮齿动物和鸟类。在生态化布置的展区中，土壤、植被、池塘等区域中的虫害可能难以被清除。

（六）解剖

长臂猿的解剖是指对长臂猿尸体进行系统性的病理检查，观察组织器官的病变部位和病变程度，做出动物死亡原因的初步诊断，为进一步研究和采集组织样本做准备。动物非正常死亡后应及时进行解剖。

1. 操作要求

解剖人员必须是受过兽医专业培训的技术人员。解剖人员应做好防护措施，解剖器具尽可能齐全，解剖室应光线充足、空气通畅、场地干燥。此外应安排专人记录和拍摄解剖过程。

2. 解剖程序

（1）体表检查　尸体称重，观察被毛、皮肤、角膜、瞳孔、结膜的状况，以及天然孔是否有渗出物或分泌物，机体营养状况，口腔黏膜及牙龈颜色，牙齿有无缺损或龋齿等情况。

（2）皮下检查　长臂猿尸体采取仰卧位置，沿腹中线切开皮肤（若皮张需制作标本可从背部脊椎处作切口）；观察切口是否湿润，拨开皮肤，观察皮下组织有无出血、水肿、创伤等情况；检查体表淋巴结的大小、颜色及有无出血、坏死等病变。

（3）腹腔检查　切开腹膜时，先切一小口，手术刀在插入腹腔的两指中间切开腹膜，沿肋弓切断胸壁下缘肌肉，扩大肋骨。注意腹膜表面有无出血、渗出或粘连，检查腹腔内有无积液、积气、粘连等情况。若腹腔有积液，应用注射器采集并送实验室检测。检查腹腔各脏器的位置及有无粘连、扭转等情况。检查腹腔脏器时，首先检查各脏器有无肿大、破裂出血及病变，如脾脏是否肿大，胃肠有无胀气，小肠有无扭转、套叠，肠系膜淋巴结有无肿大，胰腺有无出血、坏死。检查肝脏时，注意肝脏的表面、大小、色泽，切面是否外翻及小叶结构是否可见。观察胆囊是否充盈，以及胆汁的颜色和浓稠度。找到双肾，观察双肾的形状、大小、结构等并作比对，注意剥离包膜的难易程度、肾表面的性质、皮质和髓质的纹理是否清楚、肾盂黏膜有无病变、观察肾上腺的大小及切面。

（4）胸腔脏器检查　剪开气管及支气管，观察管腔内有无异物或炎性渗出物，气管内壁有无充血、出血或肿块。注意双肺各叶色泽，挤压并观察是否有捻发音、结节或肿块。检查心包有无异常，观察心脏大小、心外膜的颜色以及心肌的厚度、硬度、颜色等情况。

（5）盆腔脏器检查　检查膀胱、雌性长臂猿的子宫及卵巢等。

如有神经症状，可打开颅腔和脊椎，对中枢神经系统进行进一步剖检。

3. 解剖注意事项

完整的皮张可以加工成动物标本，所以应注意保留皮张的完整性。操作过程中注意解剖人员的安全。无用部分在无害化处理前，先装入尸体袋冷冻保存。

解剖结束后，必须对解剖室进行清洁消毒，统一收纳保管解剖器具。解剖人员立即将解剖结果进行详细记录，便于日后查找。

（七）人兽共患传染病

1. 人员防护

人与非人灵长类动物接触相较于人与其他种属动物接触，更易暴露在人兽共患传染病环境中。非人灵长类动物的传染病包括多种病毒性疾病和细菌性疾病，其中许多疾病均可能交叉传染给人类。长臂猿属于非人灵长类动物，有可能携带肝炎病毒，而饲养员和兽医因工作原因经常暴露在人兽共患传染病的环境中，为降低感染风险，饲养员和兽医在工作时应做好防护，必要时可以注射甲型肝炎和乙型肝炎疫苗，获得主动免疫。如不慎被长臂猿抓伤或咬伤，应及时冲洗消毒，注射狂犬病及破伤风疫苗。

非人灵长类动物同样也会因为与人的接触，暴露在人兽共患传染病环境中。病原通常是通过人与动物的直接或间接接触进行传播，动物感染后可能表现出无症状或非特异性症状。流感、麻疹、病毒性肝炎、沙门氏菌病、疱疹和许多其他疾病都可以传染给灵长类动物，并可能在长臂猿中引起严重疾病。

防治人兽共患传染病应侧重于预防，严格按照操作规程开展工作，坚持执行各项预防措施，以减少人兽共患传染病的发生。

2. 长臂猿可能携带的人兽共患传染病病原体

人兽共患传染病的病原可以通过接触外伤（咬伤、划痕）、动物组织（血液、粪便、分泌物）、气溶胶进行传播，也可通过昆虫叮咬或间接转移的污染物进行传播。

长臂猿可能携带细菌（如沙门氏菌、志贺氏菌、分枝杆菌）、病毒（如麻疹和风疹病毒、乙型肝炎病毒、单纯疱疹病毒）、线虫、原生动物（如贾第鞭毛虫、阿米巴原虫）等病原体。

结核分枝杆菌和牛分枝杆菌可导致非人灵长类动物的结核病。非人灵长类动物可能通过接触受感染的人类或其他受感染的灵长类动物而感染结核病。结核杆菌通常通过气溶胶传播，但也可以通过直接和间接接触传播。感染结核病的长臂猿临床症状各不相同，均为非特异性。应通过检疫和定期检测来进行预防，以减少结核病的发生。

人类是乙型肝炎病毒（HBV）的天然宿主，但在长臂猿中也有发生的报道。饲养员可接种疫苗作为预防措施，咬伤和针刺伤是可能的传播途径。

（八）动物福利

圈养野生动物是目前保护野生动物的一种补充方式，但绝不能成为主要方式。现代动物园的定位既是对野生动物的移地保护，又是向公众宣传保护野生动物的场所。怎样保证野生动物有质量的生存，是目前动物园新的发展需求。

动物福利具体是指满足动物的五大自由：享有不受饥渴的自由，享有生活舒适的自由，享有不受痛苦、伤害和疾病的自由，享有生活无恐惧和悲伤的自由，享有表达天性的自由。为满足动物最基本的福利，可以从圈养动物食物供给、饲养环境、健康管理、繁殖管理、运输福利及行为管理等多方面着手。

1. 食物供给

圈养长臂猿以水果、蔬菜、淀粉类饲料及动物性蛋白为食，每天上下午各一餐。下午的饲喂时间较晚，通常饲喂富含能量的饲料，为夜间提供能量。考虑长臂猿树栖的特征，放置食物应尽可能远离长臂猿的活动平台及木架，避免粪便或尿液污染食物。同时应给长臂猿尽可能提供流动的新鲜水源。

2. 饲养环境

长臂猿的笼舍空间大小不能仅以动物体重计算，因长臂猿相较于其他非人灵长类动物需要更大的空间。长臂猿是严格的树栖动物，很少在地面活动，因此在圈养笼舍环境下，要有足够的空间满足其生活习性，让其展示野外的自然行为。室外笼舍必须设有自然光照场地和阴凉避暑场地，冬季气温过低时应增加必要的保温措施，如加温或提供垫料。室外的长臂猿笼舍，必须有类似于室内场所的巢穴，供长臂猿躲避危险或避风、避雨。长臂猿笼舍内应尽可能设置休息平台，取天然材料搭置，平台不低于 2m，以符合长臂猿的物种特性，并保证每只长臂猿至少有 1 个平台。给带仔的长臂猿提供可随时进出的巢穴，供雌性自行选择适宜的巢穴。不同种群或已有配偶的长臂猿笼舍之间，应保持一定距离，以防领地意识较强的长臂猿长期处于紧张状态。

3. 健康管理

饲养员每天对长臂猿进行健康检查，由兽医制定健康管理流程。同时需要在医疗行为中采用长臂猿可接受的方式，尽量避免长时间强行物理保定，可采取正强化训练或者辅以镇静、麻醉的方式执行侵入性或疼痛性明显的医疗行为。

4. 繁殖管理

大多数长臂猿在野外实行严格的一夫一妻制，成家庭式群居生活。而在圈养环境中也应遵循自然规律，一雄一雌合笼饲养。繁殖期的雌性长臂猿能量消耗大，可以适量添加富含营养的食物，供其机体消耗。如出现母性不强、弃仔或幼仔体弱的现象，可考虑人工育幼。

5. 运输福利

长臂猿的运输笼必须为相对密闭的笼箱，通气孔不宜过大，因长臂猿的手臂灵活有力，过大的孔洞会给运输工作造成不必要的麻烦。运输笼应提前检查，确保笼内没有尖锐的钉子或者铁丝，且使用前必须彻底清洁、消毒。运输过程中应考虑环境温度，适时通风降温或保温供暖。

6. 行为管理

圈养长臂猿大多会受圈养环境影响，使野生动物的特性不能充分发挥。没有天敌和竞争者的出现，以及有足量易取的食物，导致圈养野生动物与人类的疾病种类趋于相似，如糖尿病、肥胖导致的不孕不育等，甚至表现出特异性行为，如刻板行为。目前动物园针对这一现象采取了多种丰容措施，旨在模拟野外环境，在圈养环境中创造类似野外的各种刺激，努力让圈养野生动物保持特有的物种习性。

八、长臂猿的保护教育

（一）保护教育概述

长臂猿作为一种在中国文化中有浓郁特色的物种形象，具有很高的教育价值。从长臂猿的野外现状、在中国的历史分布情况、学术界不断更新的物种分类学近况，可以真切的反映经济发展和人类活动给野生动物带来的威胁，以及国内外野生动物保护领域的发展情况。保护野生动物的关键是保护它们野外的栖息地。如何将公众的视线从动物园内展示的长臂猿个体引至动物野外保护，如何鼓励有意愿为长臂猿保护做出行动的社会大众，特别是关注生态保护的青年人通过志愿服务、支持保护区教育项目、扩大保护宣传影响力吸引更多人参与，是长臂猿保护教育的关注点和着力点。

白颊长臂猿动物园种群的野外放归项目是中国动物园在野生动物野外复壮工作中重要的里程碑。动物园保护研究与野外保护相结合也是中国动物园行业需要探索和努力的方向。动物园只有用实际行动彰显对野生动物的保护研究能力和积极的保护理念，才能影响和带动更多的公众参与行动，实现保护教育的价值。

（二）保护教育的目的和目标

围绕长臂猿进行的展示、解说、教育活动、宣传应该有明确的目的和具体目标。《世界动物园和水族馆保护策略》中指出，动物园在收集展示动物之前应该了解每一个物种的核心价值，明确它们在饲养单位中的角色定位（如公众教育、社群行为展示、吸引客流的明星物种）和饲养管理目标（如种群发展、科学研究、支持野外保护计划）。不是每个动物园在每一个物种身上都有能力发挥所有职能作用，所以必须清楚长臂猿在饲养单位中的主要定位是什么，以制订相应的教育计划。

1. 长臂猿保护教育的目的

长臂猿保护教育的目的，是通过对长臂猿及其赖以生存的栖息地的认识和了解，促进对长臂猿栖息地的保护；探讨长臂猿在生态系统中的重要作用，指导和鼓励大众对长臂猿保护做出积极的行为改变。

2. 长臂猿保护教育的目标

目标是为实现长臂猿保护教育的目的而采取的可评估的行动步骤。目标是保护教育项目最重要的部分，是动物园希望受众通过教育工作获得的信息。例如，进行长臂猿展区设计及动物展示的目标是 60% 的游客能够区分展区内不同种长臂猿的主要外形特征；感受到长臂猿臂荡式运动的魅力；了解长臂猿家庭式的社会结构；了解长臂猿野外生境特点。

又如，饲养员解说的目标是，70% 的听众能够知道生活在动物园里的长臂猿的分类情况；说出雌雄长臂猿的区别和成长过程的毛色变化；知道动物园里长臂猿的营养食谱和行为管理方法；知道野生长臂猿面临的两种威胁；描述自己可以帮助长臂猿的两种实际行动。

（三）保护教育注意事项

长臂猿展示及教育信息传递的过程，需要对以下情况予以特别说明。

1. 物种信息

随着长臂猿分类学信息的不断更新，动物园内饲养的长臂猿从以前区分为白颊长臂猿与黄颊长臂猿，到现在出现了白颊长臂猿和南黄颊长臂猿的南北之分、白眉长臂猿的东西之分，同时物种鉴定工作的滞后和动物园杂交个体的存在，致使人们在物种科普信息及教育内容的准确性上产生了疑问。各地动物园信息更新程度不一。但动物园管理者、饲养人员、教育工作者都必须与时俱进，尽可能地对本园动物的信息结合实际情况进行动态更新。应明确"长臂猿"是长臂猿科内所有物种的通称，全球有 4 属 20 种长臂猿，中国有 3 属 6

种，分别为天行长臂猿、西黑冠长臂猿、东黑冠长臂猿、海南长臂猿、北白颊长臂猿和白掌长臂猿。

2. 杂交个体

长臂猿杂交个体原则上不能与基因污染的个体进行配对。杂交个体如被鉴定出来，物种说明牌应及时对该个体进行说明，以避免对公众特别是物种分类爱好者造成误导。

3. 雌雄识别

通常情况下，动物园里的长臂猿会成对或成群饲养。成年个体雌雄识别的信息应该作为物种说明牌和现场讲解、教育活动中的重要内容。游客普遍存在对长臂猿毛色差异的疑问，因此教育互动中应当对长臂猿成长过程中的毛色变化做出适当解释。

4. 非预期行为

长臂猿发情期的身体抽搐，部分人工育幼个体的吮指行为和其他一些刻板行为，也会引起公众的疑问。现场管理及教育互动中应该对这些行为做出适当解释。

5. 独居个体

从动物福利角度考虑，一般情况下应向公众解释长臂猿的一夫一妻制家庭式生活是不单独饲养长臂猿个体的原因。但确因展区情况、动物数量、个体身体原因等需要单独饲养的，教育互动中也应该做出适当解释。

6. 残疾个体

残疾长臂猿个体在行为表达或正常生活明显异常的情况下，不宜对外展出。

（四）保护教育信息的应用

公众教育信息的传递是游园体验、展区展示、现场解说、教育活动等综合作用的结果，动物园现场生动的动物展示、完整的信息系统与直观的保育成果是教育活动最有说服力的证明。结合不同信息传播方式的特点，分重点突出展示长臂猿的神奇与魅力，以及动物园、野外保育信息，可有效树立动物园在野生动物保育领域的专业形象和社会认同。

1. 科普展示

动物科普信息展示应不局限于传统的物种说明牌。如果条件允许，主题式展区的信息展示系统应该与展区设计同步进行更新，通过色彩符号、模型、视频、图文等形式，以探究、互动的方式多角度全方位地介绍物种保育的综合信息。根据展区适合承载的信息量，可从物种野外信息、个体识别、动物园管理、展区特色、保育成果、教育活动等方面进行展示（图 2-54 至图 2-58）。

图 2-54　南京市红山森林动物园的物种说明牌：白眉长臂猿未标东、西

图 2-55　南京市红山森林动物园的物种说明牌：白颊长臂猿未标南、北

图 2-56　南京市红山森林动物园的物种说明牌：黄颊长臂猿未标南、北

图 2-57　南京市红山森林动物园的长臂猿鸣叫互动区

图 2-58　南京市红山森林动物园的长臂猿树上生活体验区

2. 展区解说

展区解说是提高游客游园体验的非常重要且效果显著的教育形式。展区解说可以由饲养员、志愿者或教育人员配合完成。

解说内容可以包含动物园内长臂猿个体、群体情况，野外生活情况，保育成果，保护行动等诸多方面。可以结合讲解内容准备一些卡片、丰容物品、动物的食物、录音机等道具，提高讲解的直观性和吸引力。讲解人员可根据自己的偏好和对长臂猿的了解程度，制定个人风格的讲解提纲。

案例：南京市红山森林动物园亚洲灵长馆饲养员讲解

自我介绍：亲爱的各位游客大家上午（下午）好，欢迎来到红山森林动物园亚洲灵长馆，我是这里的饲养员×××，下面由我带大家参观游览并给大家做科普讲解。

路线导图介绍：在正式游览参观亚洲灵长馆前，建议大家先看一下楼梯入口右手边墙上的路线导图。因为我们亚洲灵长馆占地面积 3 500m²，比较大，所以看完路线图可以大大提高大家的游览效果。那么一起来看看吧。我们现在所处的位置是亚洲灵长馆的第一个内展厅，也就是这里，图上我们可以清晰地看到，沿着这个路线共有 3 个内展厅，穿过内展厅就是我们的 8 个外运动场。当然里面还有我们看不到的区域：7 个非展区和饲养员工作区域，像不像很大的豪宅？

场馆建设以及动物整体介绍：亚洲灵长馆是由之前老灵长动物园区改建而成，2018 年的 10 月 1 日正式对外开放，虽然开放的时间不长，但已经属于国内网红场馆了。目前场馆展示有 7 组动物家庭，南黄颊长臂猿家庭、东白眉长臂猿家庭、北白颊长臂猿家庭、川金丝猴两组家庭、黑叶猴家庭以及一只处于养老阶段的单只黄颊长臂猿。

第一组家庭介绍：南黄颊长臂猿

我们眼前所在的这个位置是我们的第一个内展厅，展示的是两只南黄颊长臂猿，南黄颊长臂猿属于灵长目长臂猿科冠长臂猿属，主要分布于老挝南部、柬埔寨东部和越南中部和南部。大家可以先看看他们的长相特点，脸颊两侧的毛是什么颜色的啊？对，是黄色，手臂是不是很长？对，所以顾名思义称黄颊长臂猿。那小朋友们可以数一数里面有几只黄颊长臂猿？对两只。那很多游客在参观长臂猿展厅的时候都会问，为什么这么大的展厅只有两只动物，那我来给大家解释一下，因为长臂猿一般是一夫一妻制的，那既然是夫妻，问题来了，大家猜猜哪只是老公哪只是老婆？对了，黑色的那只是老公，他的名字叫师爷，黄色的那只是老婆，她的名字叫七七。为什么老公和老婆颜色差异这么大呢？因为成年的长臂猿是雌雄异色的，在他们一生中会经历至少一次的变色过程，刚生出的长臂猿宝宝跟妈妈的颜色很接近，随着年龄的增长宝宝会变成跟爸爸相近的颜色，如果是男宝颜色就不会再变了，会一直黑下去，如果是女宝还会再经历一次变色，也就是由黑色爸爸的颜色变成妈妈的颜色。听起来是不是很神奇？我们的师爷也就是黑色那只老公，今年6岁了，他的老婆七七也就是黄色的那只，今年9岁，长臂猿一般的寿命在28～30年，所以他们这个年龄已经具备繁殖能力了。七七比我们的师爷大3岁，所谓女大三抱金砖，我们的师爷确实也幸福，有什么好吃的，老婆都会让他先吃。

第二组家庭介绍：东白眉长臂猿

接下来我们来一起看看隔壁的东白眉长臂猿家庭。同样展示的也是两只长臂猿，一公一母夫妻组合，同样是长臂猿，那大家看看他们的长相跟刚才第一组家庭有什么不一样？看看他们的眉毛是什么颜色的？对，是白色的，所以他们属于灵长目长臂猿科白眉长臂猿属，白眉长臂猿现在有3种，即东白眉长臂猿、西白眉长臂猿和天行长臂猿，目前天行长臂猿全世界已不足150只，我们这边给大家展示的是东白眉长臂猿。白眉长臂猿主要栖息于热带和亚热带的高山密林之中。黑色的那只老公名字叫多多，喜欢超级飞侠的小朋友是不是听着名字很耳熟，灰黄色的那只老婆名字叫果果，今年9岁了，因为他们从小就在一起生活，所以青梅竹马两小无猜。看看他们的手臂是不是很有力量，不仅长而且非常有力，这就是平时他们活动的状态，他们是典型的树栖动物，善于利用双臂交替摆动，一跃可达10m以上，速度很快。大家看看长臂猿有没有尾巴啊？对，长臂猿没有尾巴，这也是与猴子的最大区别，因为长臂猿属于类人猿，与人类的亲缘关系很近，进化的比较高级。不仅没有尾巴，还有午休的习惯。大家看看我们这个内展厅的光线是不是很不一样，对，看到上面3个补光灯了吗，大家猜猜是给动物用的还是给植物用的？对，是给植物用的，大家看到我们的展厅里栽种了很多热带植物，是为了模拟长臂猿野外生存的环境而栽种的，那么补光灯主要是用来给植物光合作用的。

第三组家庭介绍：白颊长臂猿

那大家接着跟我一起往前走，前面是给大家展示的第三组长臂猿家庭，那这组长臂猿有什么长相特征，他们又是怎样的夫妻关系呢，大家一起来看看。同样也是先看长相特征，他们的脸颊两侧的毛是什么颜色的？对，是白色的，黑色的那只是老公，他的名字叫怜怜，黄色的那只是老婆，她的名字叫三叮，这组家庭里，平时可是老婆说了算，大家看体型也能看出来，公的是不是相对瘦小一些，哈哈，不过大家不用担心我们的怜怜会不会营养不良，我们饲养员平时会给他们开展和谐取食训练，通过这项训练，每组家庭的每个成员都可以获得他们成长所需的营养。说到营养，大家对他们每天的食谱是不是很感兴趣？那大家猜猜他们都喜欢吃什么？通常在野外，长臂猿主要以采食浆果、种子、树叶等植物为食，偶尔会吃些野外的昆虫。我们知道野外的浆果一般糖分很低，所以在圈养的环境下，我们会首先喂糖分低的水果，比如应季的火龙果、圣女果等，另外再搭配些应季的蔬菜，少量的长臂猿颗粒料，冬天还会额外给些坚果如瓜子、花生、板栗等。饲料室会每天上午给各个场馆配送最新鲜的水果、蔬菜，每种动物的食谱都是由专业的营养师按照他们的消化特点设计科学的日粮配方，所以大家在游览的时候不用再额外给我们的动物补充营养了，再补充就容易肥胖，紧接着高血糖、高血压、高血脂也会随机而来，动物生病后治疗的难度是很大的，虽然我们平时也会开展相应的配合兽医体检和治疗的训练项目，如定位手脚、采血训练、异味训练等，但这些训练的开展周期是很长的，所有训练开始前都会有一个动物与饲养员建立信任的漫长过程，训练项目也是由易向难逐步递进。了解了这些，我想我们的游客在接下来游览外运动场的时候肯定不会再投喂了吧，哈哈。再来看看这个内展厅和刚才两个内展厅有一个最大的特点，是什么？对，这里有一个小水池，水池里面有什么啊？有3只龟，是我们请来给长臂猿做伴生伙伴用的，在野外他们会有很多伴生朋友，所以我们也在尽量为他们选择他们的朋友，以前在这个水池里还养过观赏鱼，未来我们还会引入其他的伴生伙伴。长臂猿还是很出色的歌唱家，感兴趣的游客可以按按墙上的按钮，听一听长臂猿的歌声。

第四、五、六组动物分别为川金丝猴和黑叶猴，略
第七组单只黄颊长臂猿介绍

接下来是我们最后一只动物展示了，大家看长相能猜出来是什么长臂猿吗？是公的还是母的？对，是一只母的黄颊长臂猿，她的名字叫二黄，为什么别的长臂猿家庭都是夫妻档，而这里只有她一只？因为成年的母的长臂猿是没有更年期的，可以终身繁殖。二黄今年已经进入老年期了，如果和他的老公继续在一起，就会怀孕（妊娠），这个年龄身体各生殖器官也逐渐老化，所以怀孕后发生流产的概率很大，这对她的身体伤害也是很大的，所以我们决定让她自己在这养老，虽然是自己独间，但一点也不孤单。因为她可以看到她隔壁的朋友，每天还可以听到长臂猿的歌声。除此之外我们饲养员每天也会给我们的动物很多陪伴，会给他们提供各种锻炼体能和智力的方法。我们日常工作中最常用的方法就是食物丰容。大家看到挂在里面的取食器了吗，我们会把食物切块后放在里面，让动物发现和取出里面的食物。通常我们会放他们最喜欢吃的食物，这样即便取食难度加大，也不会影响他们的取食积极性。当然类似的增加他们取食难度、延长他们取食时间的方法还有很多，主要是为了增加取食难

度，模仿野外的生活，另外他们的智力和体能也可以得到充分的锻炼，这也是保证动物福利的方式之一。另外，我们还会开展环境丰容，比如大家看到的展厅内的各种栖架、绳索、植物等都是模拟野外环境，根据动物行为特点而搭建；还会进行社群丰容，如透过软网动物们可以清晰地看到自己的邻居。

总结

今天小朋友们比较多，那饲养员阿姨想最后再问你们几个问题，你们说动物园是不是这些动物的家？对，不是，那他们的家在哪里呢？嗯，在野外，小朋友说得非常对！动物园并不是长臂猿真正的家，大家刚才也都了解了，长臂猿目前在野外的数量已经非常少，非法盗猎、经济发展和人类活动导致的栖息地破碎化是威胁他们生存的主要问题。国家建立了自然保护区，出台了很多政策支持长臂猿的保护，同时也有一些社会保护组织在为长臂猿的保护做着积极的努力。保护野生动物，最重要的是保护他们野外的家园。动物园是这些野生动物移地保护重要的场所，也是传播野生动物保护信息的重要场所。希望大家把今天你了解到的关于长臂猿的保护信息分享给你的好朋友，同时，如果想更多支持长臂猿的保护，可以通过做志愿者、捐助支持保护项目、参与保护宣传等方式为这些可爱的动物助力。有一点特别重要，就是你们已经了解了长臂猿的特殊营养食谱了，在动物园游园一定不要给长臂猿或其他任何野生动物投喂食物，并且要向你的家人和朋友宣传哦！谢谢大家！

3. 教育活动

在各类教育活动的设计中，动物园日常管理中的很多元素都可以融入访客的教育体验，如饲养员体验、食物准备、丰容设计、行为观察、模拟行为训练等。条件有限的情况下，也可以通过图片、视频展示等形式开展教育活动。将动物园在野生动物饲养管理中科学严谨的态度和不断提升的动物福利理念分享传播，有利于动物园在社会公众中树立保育形象，同时更能提高教育说服力。动物园行业在动物福利、种群管理、生物学、行为学方面的研究都可以作为公众教育工作强大的资源支持。

教育活动案例一：南京市红山森林动物园"猿声长啼"教育体验方案

活动背景： 唐代诗人李白《早发白帝城》这首诗里"两岸猿声啼不住，轻舟已过万重山"中的"猿声"，其实就是指长臂猿的叫声。古时长江三峡，"常有高猿长啸"。诗人说"啼不住"，是因为他乘坐飞快的轻舟行驶在长江上，耳听两岸的猿啼声，又看见两旁的山影，猿啼声不止一处，山影也不止一处，由于舟行人速，使得啼声和山影在耳目之间"浑然一片"，这就是李白在出长江三峡时为猿声山影所感受的情景。

长臂猿的喉部具有喉囊，它们通过鸣叫，喉囊鼓胀得很大，使声音变得嘹亮，好似歌唱。在清晨和傍晚，成年雌性先发出"独唱"，然后成年雄性加入，形成夫妻之间的"二重唱"，最后其他成员也加入鸣叫，整群长臂猿组成一场"大合唱"。它们每天至少鸣叫1～2次，有时多达3～4次。这是为了保持群体内成员之间的联系，表达情感；也是为了对外宣示领域界限，防止其他长臂猿入侵。

在唐宋以前，我国长江流域的野生长臂猿种群还很繁盛。如今，大量的森林消失，长臂猿的栖息范围不断缩减，数量越来越少，"两岸猿声"已不复存在。

活动目标：让参与者体验长臂猿鸣叫的奇妙，感受古诗中的"猿声"；学习动物行为观察，体验动物园饲养管理；了解中国长臂猿的野外分布和栖息地现状；知道2种以上支持保护长臂猿的行动。

目标人群：6～12岁儿童及其父母

时间：8：00—10：30

活动主要内容：

8：00—8：30　分组了解长臂猿在展区的分布情况，介绍活动行程安排和各环节注意事项，发放活动卡。

8：30—9：30　分组轮流记录不同长臂猿的行为，观察长臂猿跳跃、臂荡、行走等行为特点。在此过程，等待长臂猿鸣叫。小组内有人负责录音，另有人负责用音节、声调记录长臂猿鸣叫节律。同时，观察长臂猿在鸣叫过程中的角色分配。

9：30—10：00　分享、讨论长臂猿鸣叫所表达的意思及不同个体扮演的角色和在群体中的地位；展示饲养员日常行为记录表。

10：00—10：20　角色扮演——"猿声长啼"家庭中不同个人扮演长臂猿家庭中对应的角色，模拟长臂猿的野外生活场景，用"鸣唱"表达喜、怒、哀、乐。

10：20—10：30　总结。

长臂猿是森林健康重要的"指示种"，它们依赖于原始森林所提供的丰富食物。它们的鸣叫声可作为森林状况是否恶化的预警，如果猿啼声消失，即意味着森林不再健康。

长臂猿是典型的树栖动物，它们的生存与热带天然森林的存在密切相关。但随着人类活动的影响，原始森林受到破坏，直接导致长臂猿种群数量下降，盗猎也仍然是长臂猿所面临的主要威胁。

中国 6 种长臂猿中的北白颊长臂猿和白掌长臂猿已经在野外难觅踪影。仅存的 4 种长臂猿（北白颊长臂猿、东黑冠长臂猿、西黑冠长臂猿、海南长臂猿）总数不到 1 500 只，且生活区域被挤压到云南、广西、海南的碎片化的原始森林中，挣扎在灭绝的边缘。但是长臂猿的濒危现状并不被中国大多数公众所了解，甚至很多人都不知道长臂猿这种中国唯一的类人猿的存在。

您今天来参加长臂猿的主题活动，就是为长臂猿保护迈出了第一步。希望您把今天美好的体验分享给身边更多的人，同时关注和了解长臂猿野外保护的信息和项目，在力所能及的情况下，通过捐助支持长臂猿野外保护。日常生活中，您也可以通过节约用纸，减少纸制品、一次性木制品的使用，减少对森林资源的消耗。同时，请您拒绝野生动物制品，通过绿色消费、绿色出行为保护长臂猿及其他野生动物做出努力。

教育活动案例二：北京动物园国际长臂猿日活动

活动背景：2015 年 10 月 24 日，世界自然保护联盟（IUCN）灵长类小猿专家组（SSA）第一次将每年的这一天设立为长臂猿纪念日"International Gibbon Day"，旨在引起社会公众对长臂猿的关注，号召野生动物保护机构、研究学界、政府、企业、社会公众等社会力量联合起来，为保护长臂猿采取积极行动。

活动一：丰容与文化艺术的结合

北京动物园与北京美术学院联动，在动物园饲养员、福利工作组的配合下，组织开展了以动物行为研究、福利研究、丰容设计、丰容前后行为观察为主要内容的特色活动，活动收到非常好的效果。北京美术学院学生创作设计的丰容物兼具艺术与趣味性（图 2-59），令动物与游客同时体验到了新鲜的内容。

活动二：猿猴找不同

活动以生活在北京动物园长臂猿馆的一只雄性北白颊长臂猿"钢镚"作为主角，用第一人称介绍了长臂猿和猕猴在分类地位、身体特征、家庭群体、配偶制度、生活习性等 10 个方面的不同（图 2-60），使游客加深了对长臂猿特征的了解。

图 2-59　北京美术学院学生设计的丰容物

图 2-60　长臂猿（左）和猕猴（右）

活动三：长臂猿主题展览

长臂猿主题摄影展精选了赵超、董磊、曾祥乐和丁铨四位摄影师的 60 幅作品，分为中国长臂猿的保护和研究现状、新物种天行长臂猿的发现和保护故事、与长臂猿生活在同一片家园的多彩生物三个主题。通过精美的摄影作品展示长臂猿代表的生态系统所蕴含的生物多样性之美（图 2-61），并用这些作品的销售收入支持长臂猿保护行动。

图 2-61　长臂猿主题摄影展

活动四：主题游园会

该活动是由北京动物园、国家动物博物馆、云山保护、缤纷自然（北京）文化传媒有限公司主办，北京自然圈科技有限公司协办的"长臂猿日，识长臂猿"2017年长臂猿日公益活动。通过讲解以及公众广泛参与的彩绘、泥塑等系列互动活动（图2-62、图2-63），让更多人了解认识中国的濒危野生动物。

图2-62　长臂猿日主题游园活动：长臂猿面部彩绘以及饲养员讲解长臂猿的日常趣事

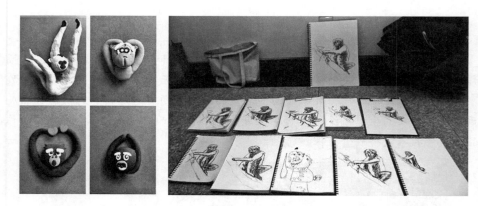

图2-63　长臂猿日主题游园活动：利用超轻黏土制作长臂猿以及长臂猿绘画写生

教育活动案例三：香港嘉道理长臂猿保护宣教及社区项目

嘉道理农场是香港的环境保护非政府组织，成立于1951年，致力于生物多样性保护、多元教育和永续生活推广。嘉道理中国保护项目以维护中国生物多样性和推广永续理念为使命，在海南、广西、云南等地开展长臂猿的保育工作。该组织立足于物种保护、生态系统保护、生物多样性调查和保护区工作者能力培训、社区宣教等项目，走进保护区周边社区、学校，开展长臂猿保护的教育活动和宣教工作（图2-64）。

图 2-64　香港嘉道理农场的长臂猿保护宣教活动

4. 媒体宣传

宣传是做好保护教育的重要内容，可以在争取社会理解和支持的同时，对投身保护教育的一线工作者形成激励和正强化。动物园在长臂猿保育中的成果及研究进展可以通过媒体跟踪、新闻报道等形式进行传播，也可以通过园内屏幕、官方微博、微信等多种渠道进行宣传，应用新传媒方式以个性化海报、连环画、漫画、故事连载等多种形式进行传播，阅读效果和信息接收度都很好。

案例：云山保护公众微信号

云山保护是一家专注于研究和保护中国西南地区生物多样性的非政府组织（NGO）。近年来积极开展了以长臂猿为旗舰物种的各类宣教工作，希望通过保护灵长类动物进而保护生物多样性最为丰富的西南森林生态系统，促进人与自然和谐共存。以下是云山保护开发的"10 张图＋10 句话带你了解长臂猿们"（图 2-65）。

在中国与人类亲缘关系最接近的动物是长臂猿。中山大学范朋飞教授团队用 10 年时间终于证明了天行长臂猿是一个独立物种

然而天行长臂猿刚被发现就被 IUCN 确定为极度濒危（CR），全中国仅剩不到 150 只

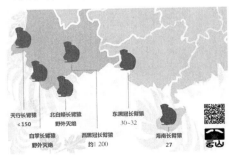

不仅如此，中国仅存的 6 种长臂猿中 2 种可能野外灭绝，剩下 4 种全部数量不足 1 500 只

长臂猿是猿，不是猴。从外观上看，长臂猿没有尾巴

天行长臂猿有着和人一样的一夫一妻制家庭结构

长臂猿可以通过复杂的"歌声"交流，这可能与人类的唱歌有着相同的遗传起源

大多数情况下长臂猿通过双臂在树冠上"臂行"，它们也可以像人一样直立行走

长臂猿的主要食物是成熟的果实，还有树叶、花和昆虫

长臂猿是森林里的旗舰物种，它们的消失意味着森林不再健康。保护长臂猿就像撑开了一把保护伞，间接保护了生活在同一区域的其他生物

如今，长臂猿的家园大面积消失，人类对森林的侵占、盗猎都在威胁着它们

图 2-65　云山保护开发的"10 张图＋10 句话带你了解长臂猿们"

九、长臂猿的研究建议

　　中国动物园协会及其会员单位认为现代动物园的管理、饲养、医疗与保护实践都应该基于科学研究，而科学研究的责任无论是基础性的还是应用性的，都应是现代动物园的一个显著特点。开展野外和圈养长臂猿的科学研究，可以提高人们对长臂猿保育的认识，丰富野外种群的保护措施，为管理部门提供富有针对性的管理建议。长臂猿特别是冠长臂猿属（包括北白颊长臂猿、南白颊长臂猿、南黄颊长臂猿、东黑冠长臂猿、西黑冠长臂猿、海南长臂猿）的种群信息、生态信息、遗传学和细胞学研究进展信息等可以通过中国动物园协会年会、物种管理委员会和物种分类顾问组（TAG）来获得。中国动物园协会鼓励会员单位参与长臂猿种群保育与管理方面的研究，会员单位可以自行组织开展原创性研究，也可以与高校、研究院所或有专业研究背景的科研人员合作开展研究。

　　无论是观察性的、行为的、遗传学的，还是生理性的研究性质调查，其团队必须有清晰的科学目标、合理的规划，这样有助于提高人们对被调查物种的认知，其研究结果也可以让野外种群的健康、福利和发展获益。中国动物园协会鼓励会员单位或其他研究机构将动物的感官、认知和生理学的调查研究列入日常研究项目，同时也可以组织开展高级的、主动的动物重引入训练项目如北白颊长臂猿重引入训练项目，这些是中国动物园协会大力鼓励的，但应根据北白颊长臂猿种群管理规划设置的目标来实施。

　　近年来，高等院校、长臂猿CCP（中国物种保护一级管理项目）与CSB（中国物种管理二级管理项目）工作组以及某些会员单位都意识到收集长臂猿的组织、血液、毛发和粪便样本对于开展科学研究的重要性。研究项目主要聚焦于物种分类、日粮、肠道微生物、疾病研究和遗传标记等。根据未来研究的需要，一旦有机会，长臂猿CCP与CSB工作组需要建立长臂猿的血清与组织库。这些采样工作可在日常的例行检查中实现。此外，灵长类动物TAG要求会员单位开展日常例行性检查来为长臂猿种质数据库作贡献。从2019年开始，长臂猿数据库将开始填充和完善，这些数据可以从中国动物园协会相关数据库中获得。2019年中国动物园协会物种管理委员会发布的《北白颊长臂猿种群管理规划》将提供未来5～10年圈养北白颊长臂猿种群保护和发展的具体研究规划。

　　中国动物园协会会员单位应制定具体的研究方案，以及相关的合作研究协议，确认开展研究项目所需的形式、方法、研究人员、项目评估、提供的动物，会员单位必须遵守生物伦理规定，确认不损害动物的福利。如果会员单位没有能力组织开展圈养北白颊长臂猿研究调查项目，可以提供资金、人员、研究对象及其他的支持给承担研究项目或保护项目的机构或团队，而这些机构或团队必须经中国动物园协会物种管理委员会认可。

（一）未来的研究需要

本指南是动态更新的，一旦获得新的研究成果或管理资料，笔者将及时进行更新，补充和完善相关的资料和信息。仍然欠缺的知识笔者将在本指南的修订版中确认，并在相关章节中列举，以明确和促进下一步的调查研究。笔者尽可能将从各方面获得的信息汇编到本指南中，使会员单位在北白颊长臂猿等物种的保育和福利保障方面有明确的参考依据，并在实践中检验和优化，进一步完善本指南。同时也可以丰富北白颊长臂猿等物种的野外保护工作。

（二）行为训练

会员单位的保育人员在长臂猿的保育过程中，经常反映长臂猿难以标记、转移、健康检查和疾病治疗。这是因为长臂猿灵活敏捷，而保育过程中缺乏对长臂猿相应的行为训练。正强化的行为训练如医疗检查训练、转移笼舍训练、助产或辅助哺育训练对于长臂猿的福利和健康是大有裨益的。也可以相应开展一些智力研究方面的行为训练（可以结合丰容工作实施）。小型猿类的行为训练可以参照大型猿类的行为训练来开展，但应考虑长臂猿臂骨较长、完全树栖等特性。此外，长臂猿的行为训练也应配套相应的设施设备，确保人与动物的安全与福利。

（三）个体识别与亲缘关系

圈养长臂猿种群中，部分长臂猿可能存在来源不明确、基因污染或渗透、谱系资料不完善、缺乏标记或标记不规范，这给种群的管理带来较大的困扰。建议开展长臂猿个体识别与亲缘关系的微卫星或 SNPs 遗传标记体系的研究，利用该技术体系对可疑的个体进行识别与鉴定，结合植入式芯片的标记，明确其来源及亲缘关系、区分个体、更正和完善谱系信息，为进一步的种群繁育管理奠定基础。

（四）社会环境

北白颊长臂猿、天行长臂猿、南白颊长臂猿是典型的一夫一妻及后代的社会群体结构，而西黑冠长臂猿是一夫二妻及后代的社会群体结构。野生西黑冠长臂猿有更换成年雄性长臂猿的机制，此外冠长臂猿有很强的择偶要求。圈养情况下，长臂猿难免出现成年雄性过多、部分个体不能融入群体的情况。一些会员单位已成功将 2 只以上雄性长臂猿或将不同种类的雄性长臂猿合养在一起，这种方式是否损害动物福利，需要做相应的研究。因为长臂猿"单身汉"的数量仍在增长，合养的需求十分迫切，需要在长臂猿"单身汉"团体规模、生活空间大小（垂直和水平两个角度都要满足）方面进行研究，饲养和展示设计等方面也应进行相应的研究，以便长期同笼圈养超过2只的雄性长臂猿。

（五）营养

临床上评估长臂猿营养的方法和手段缺乏（如身体状况评估、粪便评估、肠道微生物评估等），这需要研究开发合适的评估手段和程序，同时也应寻找合适的研究伙伴共同开展这一方面的研究。某些会员单位与高校合作组成研究团队，对野生长臂猿的食性进行观察，收集野生西黑冠长臂猿的食物进行营养分析，并与圈养长臂猿的食谱进行比较分析，同时分析野生与圈养长臂猿肠道微生物的异同，这些工作对于提高长臂猿的营养管理是非常重要的。

（六）兽医护理

毛首线虫和蛔虫寄生在长臂猿保育中是一个普遍现象，其对长臂猿的健康风险仍未得到充分认知，进一步的研究应关注这两种寄生虫如何影响长臂猿的生理和生殖，以及怎样才能有效驱除这些寄生虫。此外，长臂猿的麻醉保定、感染性肺炎、流感病毒感染、疱疹病毒感染、乙型肝炎病毒感染、结核分枝杆菌感染、条件性致病细菌感染等疾病的防控与快速诊断也是兽医工作应重点关注的研究内容。

（七）繁殖

研究人员一般将雌性白掌长臂猿的生殖突起及性腺激素水平作为判断白掌长臂猿发情周期的指标，然而目前尚没有充分的行为现象作为指标，用于判断雄性和雌性北白颊长臂猿的发情周期，以及雌性北白颊长臂猿与南黄颊长臂猿的妊娠期。会员单位需要开展更多的野外研究，获得一些可视性指标来帮助长臂猿保育人员判断北白颊长臂猿的发情期和妊娠期。

2018年，某动物园的雌性长臂猿发生流产，胎儿偏小，已形成毛发和牙齿。这只怀疑有问题的雌性长臂猿年龄为25岁，没有接受任何避孕处理，此前没有疾病史。虽然日粮、年龄和不合适的饲养环境可能是流产的原因，但需要更多的研究去确定影响其胎儿大小和发育的因素，同时也需要确认雌性长臂猿最佳的繁殖年龄。

雌性长臂猿中有规律的发情和排卵的个体较少，需要开展有繁殖历史个体和无繁殖历史个体的生理学研究。对于从未繁殖过的个体，在其死后对卵巢进行检查。为了提高长臂猿的繁育率，应对北白颊长臂猿与南黄颊长臂猿进行激素监测，尽可能利用人工辅助繁育技术促进不能成功配对的长臂猿留下后代以及精准配对、健康发育。

（八）避孕与群体攻击行为的管理

近年来国外某些动物园开始使用苏博洛林（去沙雷林），一种促性腺激素释放激素（GnRH）激动剂，作为灵长类动物以及其他野生动物的避孕手段。去沙雷林的功能是阻止性激素的产生，对于雄性，伴随肾上腺皮质激素和精子产生的减少，可以作为避孕的手段。减少群体中的攻击行为是该产品的另一使用方向，而团体攻击行为的管理，特别是对于雄性"单身汉"团体的管理具有重要意义。国内动物园没有对长臂猿使用去沙雷林进行攻击行为管理，目前也不能确定长臂猿使用去沙雷林进行避孕的成功概率，因为国外仅少数机构对长臂猿使用过去沙雷林，缺少统计学资料。需要更多的研究确定去沙雷林是否可以作为雌雄长臂猿的避孕药物，以及用于雄性长臂猿群体中攻击行为管理的可行性。

（九）人工辅助繁育技术

圈养长臂猿种群的统计分析数据表明，现有种群中繁育数量偏少、奠基者过少、潜在的奠基者较多，潜在的奠基者中尤其以成年雄性较多，但这些雄性个体没有配偶、配对不成功或者已过适龄繁育期。听任其自然繁育将导致种群数量下降、遗传多样性丢失。人工辅助繁育技术的研究与应用有利于改善长臂猿这一种群的发展状况。然而国内外对于长臂猿生殖激素的研究仍然不充分，无法判断长臂猿的发情与妊娠现象，也无法判断雌性长臂猿准确的排卵时间，这给长臂猿人工授精时机的判断带来困扰。此外，长臂猿精液的冷冻、稀释与保存仍未形成具体和成熟的技术体系。

（十）冷冻种质资源库

圈养长臂猿种群年龄结构中，老龄的长臂猿数量较多，这些长臂猿已经错过最佳配种繁殖时机，为了尽可能保存其遗传资源，应借助健康检查等时机尽可能采集其皮肤成纤维细胞、精子、卵母细胞或其他细胞，建立冷冻种质资源库，为开展人工辅助繁育技术、细胞生物学研究、分子遗传学研究等提供资源。对于死亡的长臂猿个体，饲养机构同样要做好样本的采集与保存工作，确保其生物资源得到充分的利用和研究。

附　　录

附录1　长臂猿喜食的植物、昆虫及日粮配比

附表1　长臂猿喜食的植物、昆虫

中文名	英文名（或拉丁学名）
黑莓	Blackberry（*Rubus fruticosus*）
灌木樱桃	Brush cherry（*Syzygium paniculatum*）
鼠李	Buckthorn（*Bumeliatena*）
甘蓝椰	Cabbage palm（*Sabel palmetto*）
茄属植物	Common nightshade（*Solanum nigrum*）
无花果	Fig（*Ficuscarica*）
山茱萸花	Flowering dogwood（*Cornus florida*）
葡萄	Grape（*Vitis* spp.）
巨藤	Giant cane（*Arundinaria gigantean*）
朴树莓	Hackberry（*Celtis occidentalis georgiana*）
木槿	Hibiscus（*Hibiscus rosa sinesis*）
葛根野葛	Kudzu（*Pueraria hirsuta*）
五味子	*Schisandra chinensis*
杜英	*Elaeocarpus howii*
买麻藤	*Gnetum montanum*
三华李	*Prunus salicina*
桑果	Mulberry（*Morus* spp.）
野葡萄	Nut muscadine（*Vitis flexuosa*）
柿子	Persimmon（*Diospyros virginiana*）
阔叶猕猴桃	*Actinidia latifolia*
复生蕨类	Resurrection fern（*Polypodium polypoides*）
花生米	Small pignut（*Carya ovalis*）
杨梅	Southern bayberry/wax myrtle（*Myrica cerifera*）
广玉兰	Southern magnolia（*Magnolia grandiflora*）
越南山核桃	*Carya tonkinensis*
酸枣	*Ziziphus jujuba*
中国榕树	Weeping Chinese banyan（*Ficus benjamina*）

（续）

中文名	英文名（或拉丁学名）
桂北木姜子	*Litsea subcoriacea*
野菠萝蜜	*Artocarpus lakoocha*
芭蕉弄蝶	*Eionota torus*
蟋蟀	*Anaxipha* sp.
黄粉虫	*Tenebrio molitor*
蝗虫	*Acrida cinerea*

附表 2　长臂猿日粮配比（%）

物种名称	动物性饲料（昆虫或熟鸡蛋）	精饲料		青绿饲料		
		混合饲料	坚果	水果	蔬菜	新鲜树叶
北白颊长臂猿	1	10.7	3.6	39	25.7	足量
南白颊长臂猿	1	10.0	4.4	40	26.7	足量
南黄颊长臂猿	1	11.1	3.6	39	28.1	足量
东白眉长臂猿	2	11.1	3.6	38	25.1	足量
天行长臂猿	2	11.1	3.6	38	26.1	足量
戴帽长臂猿	2	11.1	3.7	37	27.1	足量
白掌长臂猿	1	11.1	3.6	38	28.1	足量
合趾长臂猿	2	11.1	3.8	38	27.1	足量

注：精饲料是以饼干、窝头或糕的方式饲喂，属混合饲料，可含矿物质元素与额外添加的维生素。

附录 2　长臂猿精饲料参考配方和营养水平

附表 3　长臂猿精饲料参考配方

原料	比例（%）
玉米	40
大麦	16
豆粕	18
麸皮	12
碳酸钙	2
磷酸氢钙	1
盐	1
熟卵黄	5
熟牛肉末	5
合计	100

附表 4　长臂猿精饲料的营养水平

能量 （kJ）	粗蛋白 （%）	粗纤维 （%）	粗脂肪 （%）	无氮浸出物 （%）	灰分 （%）	钙 （%）	磷 （%）
896	20.28	3.44	3.37	65.86	7.04	1.30	0.57

附录 3　长臂猿个体档案

附表 5　长臂猿个体档案记录表

中文名		拉丁学名	
英文名		性别	
谱系号		呼名	
标记物	注入式芯片	标记代码	
标记位置		标记时间	
机构编号		健康档案编号	
出生单位		出生时间	
来源单位		来源时间	
来源性质	自繁、引进、合作繁殖、其他	来源证明文件	
母本标记代码		父本标记代码	
母本谱系号		父本谱系号	
个体生长、治疗、 繁殖、转移、 死亡记录	时间、地点、事件、结果：		
饲养地点 转移记录			
标记员		记录人	
记录表 建立日期		记录表 截止日期	
所属单位	（签章）：		

附录 4　白掌长臂猿展区设计案例

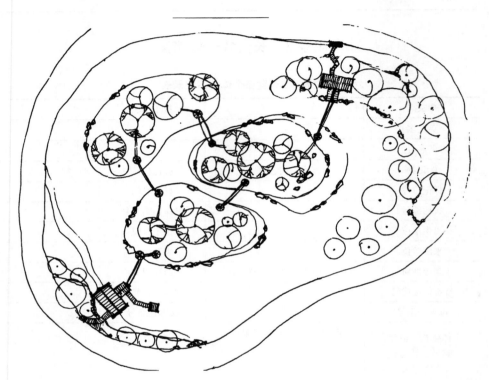

附图 1　长臂猿展区的平面图

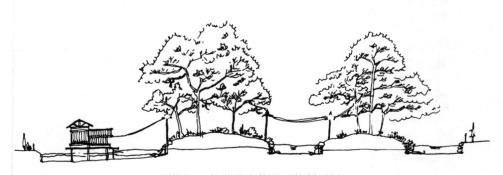

附图 2　长臂猿室外展区的剖面图

附图 3　长臂猿展区的游客参观区

附图 4　长臂猿室外展区的水壕沟设置（1）

附图 5　长臂猿室外展区的水壕沟设置（2）

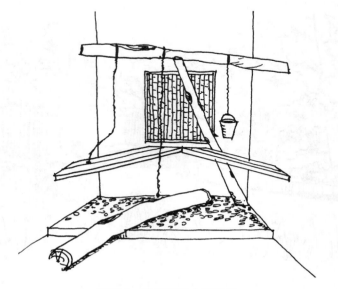

附图 6　长臂猿的内室设置

附图 7　长臂猿的分配通道
（打越万喜子供图）

附图 8　长臂猿在室外展区的活动
（丁铨供图）

附图 9　长臂猿在室外展区的摆荡路线示意

附录 5　长臂猿的繁育参数

附表 6　长臂猿繁育参数

物种	妊娠期	哺乳期	体成熟年龄
东白眉长臂猿 *Hoolock leuconedys*	(189±0.92) d	2 年	7~8 岁
南白颊长臂猿 *Nomascussiki*	约 7 个月	2 年	7~8 岁
北白颊长臂猿 *Nomascus leucogenys*	(191±7) d	2 年	7~8 岁
南黄颊长臂猿 *Nomascus gabriellae*	约 7 个月	2 年	7~8 岁
白掌长臂猿 *Hylobates lar*	190d	22 个月	笼养 6~8 岁；野生 11 岁
合趾猿 *Symphalangus syndactylus*	189~239d	13 个月	8~9 岁
戴帽长臂猿 *Hylobates pileatus*	约 200d	2 年	8~9 岁

附录6　北白颊长臂猿的生理生化数据

附表7　白掌长臂猿生理生化数据的参考值

项目	单位	平均值	标准差	最小值	最大值	样本数量（n）	动物个体数（只）
白细胞计数	$\times 10^9$ 个/L	8.245	3.086	2.900	17.80	138	51
红细胞计数	$\times 10^{12}$ 个/L	6.83	0.73	5.66	8.47	62	35
血红蛋白	g/L	141	16	100	190	87	41
血细胞比容	L/L	0.449	0.056	0.300	0.650	142	51
平均红细胞体积	fL	63.7	4.1	50.2	70.6	59	32
平均红细胞血红蛋白	pg（以单个细胞计）	21.1	1.4	17.7	24.2	60	35
红细胞平均血红蛋白浓度	g/L	323	31	253	458	84	39
血小板计数	$\times 10^{12}$ 个/L	354	102	118	503	17	12
有核红细胞	个（以100白细胞计数计）	0	0	0	1	22	13
网织红细胞	%	0.9	0.6	0.0	2.0	15	7
中性粒细胞	$\times 10^9$ 个/L	4.441	2.835	0.513	15.00	135	50
淋巴细胞	$\times 10^9$ 个/L	3.330	1.902	0.564	14.10	135	50
单核细胞	$\times 10^9$ 个/L	0.366	0.275	0.000	1.386	125	47
嗜酸性粒细胞	$\times 10^9$ 个/L	0.196	0.237	0.000	1.540	71	35
嗜碱性粒细胞	$\times 10^9$ 个/L	0.039	0.049	0.000	0.178	32	18
中性粒细胞	$\times 10^9$ 个/L	0.098	0.100	0.000	0.351	31	16
钙	mmol/L	2.33	0.20	1.83	2.78	112	45
磷	mmol/L	1.07	0.52	0.36	2.68	110	43
钠	mmol/L	143	4	135	154	104	37
钾	mmol/L	4.0	0.6	3.1	6.2	103	37
氯化物	mmol/L	107	4	99	118	102	36
碳酸氢盐	mmol/L	22.0	3.9	14.0	29.0	37	17
二氧化碳	mmol/L	21.4	9.0	10.0	54.8	20	13
铁	μmol/L	19.33	10.74	4.475	54.42	41	9

（续）

项目	单位	平均值	标准差	最小值	最大值	样本数量（n）	动物个体数（只）
镁	mmol/L	0.527	0.144	0.185	0.741	23	8
尿素氮	mmol/L	5.712	2.499	1.428	14.99	115	46
肌酸酐	μmol/L	80	27	27	141	111	45
尿酸	mmol/L	0.137	0.089	0.012	0.375	60	24
总胆红素	μmol/L	5	2	2	12	111	44
直接胆红素	μmol/L	2	2	0	3	18	7
间接胆红素	μmol/L	2	3	0	10	18	7
血糖	mmol/L	4.884	2.442	1.499	14.76	112	44
胆固醇	mmol/L	3.393	0.803	1.761	5.465	112	45
甘油三酯	mmol/L	0.79	0.46	0.26	2.94	65	25
低密度脂蛋白胆固醇	mmol/L	1.062	0	1.062	1.062	1	1
高密度脂蛋白胆固醇	mmol/L	1.191	0	1.191	1.191	1	1
肌酸磷酸激酶	U/L	364	261	55	973	55	31
乳酸脱氢酶	U/L	199	76	104	458	63	26
碱性磷酸酶	U/L	584	721	60	4 705	109	45
丙氨酸转氨酶	U/L	27	15	5	105	111	44
天冬氨酸转氨酶	U/L	21	11	6	71	108	45
谷氨酰转移酶	U/L	11	7	0	37	80	30
淀粉酶	U/L	32.38	17.95	11.66	100.8	34	19
脂肪酶	U/L	8.896	7.506	1.668	28.08	12	7
总蛋白（比色法）	g/L	66	7	51	84	101	37
球蛋白（比色法）	g/L	27	7	14	47	99	38
白蛋白（比色法）	g/L	40	4	28	50	103	41
皮质醇	nmol/L	662	0	662	662	1	1
总甲状腺素	nmol/L	54	17	30	90	14	5
体温	℃	38.3	0.9	36.0	40.3	79	28
体重（2.7～3.3 岁）	kg	4.004	0.694	3.300	5.500	8	4
体重（4.5～5.5 岁）	kg	5.796	0.816	4.500	6.850	11	8
体重（9.5～10.5 岁）	kg	7.449	1.854	5.130	10.92	9	7

附录7　合趾猿繁殖及管理年度报表

附表8　合趾猿繁殖及管理年度报表参考

项目	1月	2月	3月	4月	5月	6月	7月	8月	9月	10月	11月	12月
繁殖季节	√	√	√	√	√	√	√	√	√	√	√	√
交配高峰期					√	√	√					√
生产高峰期	√	√										
对展区大部分进行维修			√	√				√	√	√	√	
对展区小部分进行维修	√	√	√	√	√	√	√	√	√			
巢箱清洗				√						√		
日常健康检查（每天）	√	√	√	√	√	√	√	√	√	√		√

附录8　灵长类动物行为训练

1. 开展动物行为训练的基本原则

（1）安全　这是在动物的行为训练中首先应考虑的问题。需考虑动物、训练人员、训练设施、训练过程的安全性，以及可能涉及的游客安全。

（2）知识基础　所有训练人员、饲养员、兽医以及管理人员都应理解开展动物行为训练的必要性，并了解动物行为训练的基础原理，以共同实现训练目标。训练人员应熟知动物行为训练的知识，逐步提升训练技术。

（3）融合　动物行为训练与管理之间没有分割。饲养员/管理人员都是训练员，训练员也应是饲养员/管理人员。

（4）非全能　行为训练是促进良好动物护理的许多动物管理工具之一，绝对不是唯一"法宝"。许多被训练的行为有利于医疗护理，往往使人们能够避免因为治疗而对动物进行物理或化学保定。但有些情况下，出于动物疾病或伤害的严重性和紧迫性（考虑训练所需的时间），或是特定的饲养及诊疗过程，仍需要对动物采取不同程度的限位或保定措施。

（5）计划　制订良好的训练计划是成功训练的前提和关键。训练团队要与管理人员共同设定总体目标，训练人员也应对每一种目标行为制定训练方案，同时明确训练进度，并提交审批。

（6）评估　训练人员应周期性评估训练进展，总结经验，及时改进不足之处。评估最好以训练团队为单位开展，所有成员积极讨论，取长补短。

（7）了解动物个体　在训练时，需要评估和了解动物的自然史以及个体经历在训练过程中是如何影响动物的。

（8）训练的艺术　训练方法从来不是固定的，达成目标行为的方法一方面取决于动物个体的经历及训练时的状态，另一方面取决于训练员的经验和创造力。重点是使用正强化作为主要训练手段。在某些情况下，负强化如训练员走在动物后面促使其往前走）和负惩罚（如因动物不合作而暂停训练）也可能是必要的。

（9）团队　训练应是团队共同努力的结果，其中既包括参与训练的人员，也包括其他的饲养人员、兽医、管理者、设施保障人员等。

（10）永不满足　训练内容及训练技术永远有提升的空间。

2. 如何制定及运行训练项目

建立一个综合的、可持续的动物训练项目，对训练工作将非常有助益，初始阶段的时间投入似乎是难以承受的，但训练的长期优势很快就会显现出来。在几周的时间里，每天多用几分钟训练动物串笼，就可以节省每个夜晚用各种方法恳求动物进入内室的时间。学习和使用训练技能，既能让饲养人员和兽医的日常工作更有效率，又能为动物提供更好的照顾。

以下推荐迪士尼"动物王国"用以制订、启动和推进训练计划的 S. P. I. D. E. R. 框架（即使用每个框架组成部分的第一个字母），该框架也被称作"蜘蛛框架"。该框架正在被包括美国动物园与水族馆协会（AZA）成员机构在内的很多动物园使用。

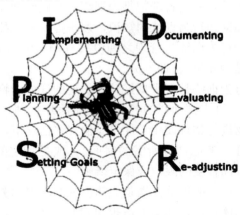

附图 10　训练项目管理示意

（1）设定目标（setting goals）　制定训练项目的第一步也是最重要的一步，是选择将动物饲养机构的训练需求进行优先排序。

设定目标有两个关键组成部分：了解物种的自然史和动物个体的过往经历；明确识别想要训练的行为。

应该训练哪些行为是基于各种需求的组合。许多因素可能会影响动物的训练目标，包括饲养、医疗、营养、科研和游客体验，其中医疗和饲养需求是最重要的。训练目标应该在动物的一生中进行评估和调整。

（2）制订动物训练计划（planning）　通常由训练员首先提出计划，交由主管审核。内容包括描述需要训练的行为（以及训练该行为的原因）、训练的具体步骤、必要的训练工具及设施（如目标物、响片、训练窗口等）、安全保障措施、指令和行为标准等。在训练过程中训练计划应根据动物的反应和训练进展情况及时改进。

（3）落实训练（implementing）　执行训练计划，使动物的行为朝着期望的目标发展。统一的指令和行为标准，以及训练团队内良好的沟通是成功的关键。

（4）训练记录（documenting）　训练日志、视频记录都是良好的记录方式。

建议一次训练记录应该包含：训练时间、训练人员、所训行为、强化方式、训练环节中动物的表现、动物是否有任何攻击行为等内容。此外，训练员也可以用日记的形式，记录当天训练的个人体会和心得，以及下一次训练可以改进的内容，这对于培养训练员的训练技能以及对动物需求的观察，有很大帮助。

（5）训练评估（evaluating）　评估的目的是为了解决问题，并对未来的训练阶段加以改进。训练评估涉及团队成员针对训练进度和训练行为完成情况的常规讨论；同时也包括查看每天的训练记录，以及根据记录找出动物的表现随时间变化的趋势、动物攻击性的变化、动物是否对特定的饲养员有攻击模式、训练某个具体行为需要的时间等。

（6）调整训练（readjusting）　根据训练计划、训练记录以及训练评估，可能需要调整训练计划。应通过评估训练进度、动物参与训练的积极性、动物是否有攻击行为等，对训练计划做出相应调整，并维持训练项目的良性循环（设定新目标、审核计划、实施新训练等）。

3. 训练的行为项目

串笼、定位保持（在目标物前保持不动）、称重是饲养管理中的基础项目。保持不动和短时间的个体分离，有利于一名训练人员单独训练几只动物以及减少动物因诊疗等原因暂时分离后的压力；和谐取食则有助于进行群体管理。

动物展示各个身体部位，有助于训练人员日常观察动物的身体状况。

接受伤口处理、多途径给药、测温、超声检查及 X 线检查等，都是为了给动物的身体健康提供保障。

繁殖训练是指针对计划繁殖后代的雌性个体以及可能参与育幼（义亲）的个体，进行特定的照顾幼猿的训练，其训练目标主要包括：①个体分离，需要雌性个体短暂离开雄性，方便特定的照管或对幼猿进行更仔细的身体检查及评估；②放下/捡起物体，即可将幼猿（训练时可用物体或玩偶模拟）放在特定位点再抱起，或拾起其他饲养人员提供的物体；③将幼猿（训练时可用物体或玩偶模拟）抱至隔网处，方便护理人员近距离观察幼猿并评估其健康状况；④正确的怀抱幼猿及喂奶姿势（可用玩偶模拟）；⑤检查乳房，方便护理人员评估雌性是否可以正常哺乳，以及在不得已需要短期/长期的人工育幼时，收集初乳/乳汁。

另外，还可能对生长至 2～3 个月后的幼猿开展训练：①定位保持，一旦幼猿可以自己活动，即可使其来到训练网前；②展示幼猿身体各个部位；③使幼猿短时间与母亲分离，接受必要的医疗护理；④口服给药，如使幼猿可以从注射器中吸食液体；⑤奶瓶喂养，即在幼猿不离开母亲的情况下进行人工辅助喂养；⑥肌内注射，如使幼猿接受必要的疫苗注射。

其他特定训练如尿液收集，可用来对长臂猿进行监测生殖周期、测量皮质醇水平和监测是否妊娠等，使动物根据提示在饲养员便于收集尿液的地方排尿。出于种群永续发展的考虑，人工采精和人工授精可以成为长臂猿训练后续探索的一个方向。

附表 9　灵长类动物行为训练项目

训练项目	目的	物种
跟随目标移动	饲养管理	所有
称重	饲养管理	所有
定位保持	日常饲养照管	所有
个体分离（短时间）	饲养管理（群体）	所有
协同取食	饲养管理（群体）	所有
照顾幼猿	饲养管理（育幼）	大猩猩、长臂猿、山魈
张嘴	日常饲养照管	所有
伸出舌头	日常饲养照管	所有

（续）

训练项目	目的	物种
耳部检查	日常饲养照管	所有
面部检查	日常饲养照管	所有
前臂检查	日常饲养照管	所有
手部检查	日常饲养照管	所有
头部检查	日常饲养照管	所有
肩部检查	日常饲养照管	所有
大腿检查	日常饲养照管	所有
膝盖检查	日常饲养照管	所有
脚部检查	日常饲养照管	所有
尾部检查	日常饲养照管	疣猴
测体温（耳温、直肠温）	兽医诊疗	所有
注射	兽医诊疗	所有
口服给药	兽医诊疗	所有
听诊器检查	兽医诊疗	所有
伤口处理（喷雾清洗伤口）	兽医诊疗	所有
伤口处理（棉签处理伤口）	兽医诊疗	所有
超声检查	兽医诊疗	所有
X线检查	兽医诊疗	大猩猩、山魈、长臂猿
采精	研究	大猩猩、山魈、长臂猿
尿液收集	研究	大猩猩、山魈、长臂猿

4. 训练长臂猿的要点

（1）保障训练安全　长臂猿常见伸手攻击人的行为，为了保障训练安全，建议训练网面为热镀锌钢绞线轧花编织硬网，网孔径以 2cm×2cm 为宜，并配置高度适合的木质训练平台，供长臂猿在平台上蹲坐或站立等。

（2）控制训练进度　单次训练的时间建议为 15～20min。行为训练进度的快慢和训练效果，与物种、个体年龄、性别、性格、过往经历、训练环境以及动物疾病的治疗干预等多种因素有关。成年雄性长臂猿的训练难度小于成年雌性长臂猿（有明显攻击行为的个体除外）；成年雌性长臂猿对于医疗用品脱敏较慢；喜欢身体抚摸的长臂猿行为训练难度较小（徐晓娟等，2021）。

（3）合理调配训练人员　训练中要保持一致性，统一指令和行为标准等内容，一个行为的完整塑行最好由一名训练人员完成。但从人员轮换的角度考虑，团队成员共同参与训练也是很有必要的。

（4）保持信任关系　训练人员的情绪以及语气会影响动物训练的进度。如果训练人员或动物中的任意一方状态不好或不愿参与训练，应终止训练。在整个训练过程中，不要恐吓或者驱赶动物、对动物使用正惩罚，因为一旦动物丧失对人的信任，将很难重新建立。

（5）巩固训练　长臂猿的学习和领悟能力很强，根据徐晓娟等（2021）的训练经验，北白颊长臂猿、南黄颊长臂猿和白掌长臂猿通常会很快完成身体部位展示的训练。但长臂猿通常会很快忘记训练内容，因此在日常训练中需要加强复习，不要在动物刚学会一个行为后立刻开始下一个目标行为训练，应多进行巩固训练。

（6）称重训练　训练场地的面积及高度对称重训练会产生影响。长臂猿在高度不超过 4m 的笼舍内下地行为较多，在高度达到 9～10m 的笼舍内下地行为较少。可以通过训练长臂猿在秤上做躺下或抱胸的姿势来解决其双手扒网的问题（徐晓娟等，2021）。也有训练者选择用手指去触碰长臂猿的手指或者脚趾，引导它们离开网片，对长臂猿的手脚离开网片的行为给予强化（王颖，2022）。

（7）采血训练　一般长臂猿采血训练的采血口以 6cm×6cm（长×宽）为宜（体型较大的合趾猿除外）。如果长臂猿有明显的抓人行为，那么在开始采血训练之前，要纠正其抓人行为。建议训练人员在训练初期佩戴厚手套，做好防护措施。长臂猿由于手腕关节灵活，采血架的使用有可能会导致其手臂受伤，所以在训练长臂猿采血的过程中，建议轻轻握住长臂猿的手，这样可以在第一时间感受到长臂猿情绪是否稳定、手臂伸缩的趋势，以此控制训练进度，也可以最大限度地降低长臂猿对饲养人员和兽医的伤害（徐晓娟等，2021）。建议根据动物的伸手习惯和舒适度来选择其训练的手臂，且一旦确定就不要轻易改变。进行采血脱敏训练时，应注意训练当天只能扎一针，之后间隔 3～5d 再进行训练，如动物反应强烈，则需要返回动物不敏感的步骤重新开始（张恩权等，2018）。

（8）群体训练　训练时不将长臂猿彼此分离可有效减少动物的应激。先让每只动物个体学习在固定的目标物前定位保持，是群体训练的基础。但在必要的医疗训练项目中，如采血、B超检查等，让动物适应短时间的分离使其专注于训练内容，也是非常必要的。训练时应全面考虑各种情况，稳步推进训练进度。

参 考 文 献

安俊卿，戴榕全，汤金，等，2017. 白眉长臂猿感染戊型肝炎病毒的病理学观察［J］. 野
　生动物学报，38：115-121.

陈永林，赵京，张成林，等，2007. 长臂猿克雷伯氏菌病病原鉴定［J］. 中国兽药杂志，
　41（10）：58-59.

程俏，2009，笼养白颊长臂猿的行为研究［D］. 南京：南京林业大学：1-36.

邓长林，马小萍，周薇，2013. 长臂猿结肠小袋纤毛虫病的诊治［J］. 畜牧与兽医，45
　（6）：104.

范朋飞，2012，中国长臂猿科动物的分类和保护现状［J］. 兽类学报，32（3）：248-258.

冯华娟，吴俊仪，雷伟，2016. 一起长臂猿呼吸道感染的诊治［J］. 广西畜牧兽医，32
　（5）：266-267.

高耀亭，文焕然，何业恒，1981. 历史时期我国长臂猿分布的变迁［J］. 动物学研究，2
　（1）：1-8.

国家林业和草原局，2021. 东黑冠长臂猿种群数量逐步增长［DB/OL］. https：//www.
　forestry. gov. cn/main/5462/20210602/144136975887571. html.

韩联宪，1993. 我国的长臂猿［J］. 大自然，3：16-18.

扈宇，许宏伟，杨德华，1989. 白颊长臂猿的生态研究［J］. 动物学研究，10：61-67.

扈宇，许宏伟，杨德华，1990. 白颊长臂猿的食性研究［J］. 生态学报，10：155-159.

黄宁，陈月妃，农汝，2012. 治疗白颊长臂猿破伤风病例［J］. 中国兽医杂志，48（6）：79.

李达，汤德元，曾智勇，等，2015. 贵州某野生动物园长臂猿流感病毒、支原体及巴氏杆
　菌混合感染的诊治［J］. 中国畜牧兽医，42（1）：224-229.

李婉平，王兴金，陈足金，等，2002. 白眉长臂猿肠阿米巴病例［J］. 畜牧兽医杂志，38
　（9）：49.

刘学峰，2016. 川金丝猴饲养管理指南［M］. 北京：中国农业出版社.

刘燕，赵军，张成林，等，2011. 肺炎克雷伯氏菌致白颊长臂猿脓肿一例［J］. 野生动物，
　32（3）：156-157.

马世来，王应祥，1986. 中国南部长臂猿的分类和分布——附三个新亚种的描记［J］. 动
　物学研究，7（4）：393-410.

农汝，王松，黄宁，等，2018. 圈养长臂猿疾病分析［J］. 广西畜牧兽医，34（3）：152-154.

农汝，尤宗耀，戴大艳，等，2004. 白掌长臂猿白色念珠菌皮炎的诊治［J］. 广西畜牧兽
　医，20（1）：27-28.

尚玉昌，2005，动物行为学［M］. 北京：北京大学出版社.

石林，2004，行为矫正原理与方法［M］. 3版. 北京：中国轻工业出版社.

宋培林，1993. 长臂猿念珠菌性肠炎 ［J］. 中国兽医杂志，19（8）：29.

滕萍，胡桓嘉，李月体，等，2016. 产肠毒素型大肠杆菌致死白眉长臂猿的病例分析 ［J］. 中国畜牧兽医文摘，32（10）：205.

田震琼，丁铨，2017. 天行长臂猿和它的邻居们 ［J］. 森林与人类，10：80 - 85.

王洪斌，2010. 现代兽医麻醉学 ［M］. 北京：中国农业出版社.

王艳君，张琴，徐静，2017. 一例白颊长臂猿白色念珠菌感染的诊治 ［J］. 上海畜牧兽医通讯，5：92.

新华网，2021. 云南无量山西黑冠长臂猿种群数量增至 104 群 ［DB/OL］. http：//www. news. cn/2021 - 10/19/c＿1127974587. htm.

杨光友，张志和，2013. 野生动物寄生虫病学 ［M］. 北京：科学出版社.

杨露，冯华娟，陆兵兵，等，2017. 长臂猿骨折截肢病例 ［J］. 现代畜牧科技，28（4）：13 - 14.

姚琳，毕延台，2015. 白颊长臂猿的饲养和繁育 ［J］. 当代畜牧，4：38 - 39.

于振富，1983. 长臂猿的饲养 ［J］. 野生动物，5：27 - 29.

张成林，2017. 动物园兽医工作指南 ［M］. 北京：中国农业出版社.

张翠阁，李光汉，1988. 司氏伯特绦虫致死长臂猿及虫体形态描述 ［J］. 中国兽医科技，9：61.

张恩权，李晓阳，古远，等，2018. 动物园野生动物行为管理 ［M］. 北京：中国建筑工业出版社.

张鹏，渡边邦夫，2007. 非人灵长类饲养与管理过程中的福利保障 ［J］. 动物学研究，28（4）：448 - 456.

张万佛，1995. 印度尼西亚的合趾猿 ［J］. 大自然，5：12.

张亚平，1997. 长臂猿的 DNA 序列进化及其系统发育研究 ［J］. 遗传学报，24（3）：231 - 237.

Alfano N，Kolokotronis，et al，2016. Episodic diversifying selection shaped the genomes of gibbon ape leukemia virus and related gammaretroviruses ［J］. J Virol，90：1757 - 1772.

AZA，2012. Colobus Monkey（*Colobus*）Care Manual ［M］. New York：New York Press.

Bach T H，Jin C，Kim R M，et al，2018. Gibbons（*Nomascus gabriellae*）provide key seed dispersal for the Pacific walnut（*Dracontomelon dao*），in Asia's lowland tropical forest ［J］. Acta Oecologica，88：71 - 79.

Bartlett T，2007. The hylobatidae，small apes of Asia ［J］. Primates in Perspective：274 - 289.

Borah M，A Devi，A Kumar，2018. Diet and feeding ecology of the western hoolock gibbon（*Hoolock hoolock*）in a tropical forest fragment of Northeast India ［J］. Primates，59（3）：1 - 14.

Brandon - Jones D，Eudey A A，Geissmann T，et al，2004. Asian primate classification ［J］. International Journal of Primatology，25：97 - 164.

Cheyne S M，2010. Behavioural ecology of gibbons（*Hylobates albibarbis*）in a degraded peat - swamp forest ［J］. Indonesian primates：121 - 156.

Clink D J，C Dillis，K L Feilen，et al，2017. Dietary diversity，feeding selectivity，and responses to fruit scarcity of two sympatric Bornean primates （*Hylobates albibarbis* and *Presbytis rubicunda rubida*）［J］. PloS One，12（3）：e0173369.

Cunningham C，A Mootnick，2009. Gibbons［J］. Current Biology，19（14）：543 - 544.

Delacour J，1933. On the Indochinese gibbon （*Hylobates concolor*）［J］. Journal of Mammalogy，14：71 - 73.

Fan P F，Fei H L，Luo A D，2013. Ecological extinction of critically endangered northern white - cheeked gibbon （*Nomascus leucogenys*）in China［J］. Oryx，48：52 - 55.

Fan P F，Fei H L，Scott M B，et al，2011. Habitat and food choice of the critically endangered Cao Vit gibbon （*Nomascus nasutus*）in China：implications for conservation［J］. Biol Conserv，144：2247 - 2254.

Fan P F，H S Ai，H L Fei，et al，2013. Seasonal variation of diet and time budget of Eastern hoolock gibbons （*Hoolock leuconedys*）living in a northern montane forest［J］. Primates，54（2）：137 - 146.

Fan P F，Huo S，2009. The northern white - cheeked gibbon （*Nomascus leucogenys*）is on the edge of extinction in China［J］. Gibbon Journal，5：44 - 52.

Fan P F，K He，X Chen，et al，2017. Description of a new species of *Hoolock gibbon* （Primates：*Hylobatidae*）based on integrative taxonomy［J］. American Journal of Primatology，79（5）：1 - 15.

Fan P F，Xiao W，Huo S，et al，2011. Distribution and conservation status of *hoolock leuconedys* in China［J］. Oryx，45：129 - 134.

Fan P，2017. The past，present，and future of gibbons in China［J］. Biological Conservation，210：29 - 39.

Fleagle J G，2013. Primate adaptation and evolution［M］. Pittsburgh：Academic Press.

Fooden J，Quan G Q，Luo Y N，1987. Gibbon distribution in China［J］. Acta Anthropol Sin，7：161 - 167.

Frechette J L，N Hon，A Behie，et al，2017. Seasonal variation in the diet and activity budget of the northern yellow - cheeked crested gibbon *Nomascus annamensis*［J］. Cambodian Journal of Natural History，2：168 - 178.

Geissmann T，1995. Gibbon systematics and species identification［J］. International Zoo News，42：467 - 501.

Ginttins S，1982. Feeding and ranging in the agile gibbon［J］. Folia Primatologica，38（1 - 2）：39 - 71.

Groves C，Wang Y X，1990. The gibbons of the subgenus Nomascus （Primates，*Mammalia*）［J］. Zoological Research，11：147 - 154.

Guan Z H，C Y Ma，H L Fei，et al，2018. Ecology and social system of northern gibbons living in cold seasonal forests［J］. Zoological Research，39（4）：255.

Gursky - Doyen，Sharon S J，2010. Indonesian Primates［M］. New York：Springer.

Hon N，A M Behie，J M Rothman，et al，2018. Nutritional composition of the diet of the northern yellow - cheeked crested gibbon （*Nomascus annamensis*）in northeastern Cambodia [J]. Primates，59：339 – 346.

Hu N，Guan Z，Huang B，et al，2018. Dispersal and female philopatry in a long – term，stable，polygynous gibbon population: evidence from 16 years field observation and genetics [J]. American Journal of Primatology：1 – 8.

Jia T，S Zhao，K Knott，et al，2018. The gastrointestinal tract microbiota of northern white – cheeked gibbons (*Nomascus leucogenys*) varies with age and captive condition [J]. Scientific Reports，8 (1)：3214.

Karen Pryor，2002. Don't shoot the dog！: the new art of teaching and training (Revised edition) [M]. University of Washington: Ringpress Books.

Kawakami T G，Kollias，et al，1980. Oncogenicity of gibbon type – C myelogenous leukemia virus [J]. Int J Cancer，25：641 – 646.

Kim S，S Lappan，J C Choe，2011. Diet and ranging behavior of the endangered Javan gibbon (*Hylobates moloch*) in a submontane tropical rainforest [J]. American Journal of Primatology，73 (3)：270 – 280.

Lan D Y，Ma S L，Han L X，et al，1995. Distribution，population size and conservation of *Hoolock* gibbons in West Yunnan. In: Zhang，J. (Ed.)，Studies on Mammal Biology in China [M]. Beijing: China Forestry Press.

Lappan S，2009. Flowers are an important food for small apes in southern Sumatra [J]. American Journal of Primatology: Official Journal of the American Society of Primatologists，71 (8)：624 – 635.

Lappan S，D. Whittaker，2009. The gibbons: new perspectives on small ape socioecology and population biology [M]. Springer Science & Business Media.

Leroux N，Nouhin J，Prak，S，et al，2020. Prevalence and phylogenetic analysis of hepatitis B in captive and wild – living pileated gibbons (*Hylobates pileatus*) in cambodia [J]. International Journal of Primatology，4 (41)：354 – 386.

Li Z X，Lin Z Y，1983. Classification and distribution of living primates in Yunnan，China [J]. Zool Res，4：111 – 120.

Liu G，Lu X，Liu Z，et al. The critically endangered Hainan gibbon (*Nomascus hainanus*) population increases but not at the maximum possible rate [J]. Int J Primatol，43：932 – 945.

Liu Z H，Yu S，Yuan X，1984. The resource of the Hainan black gibbon at its present situation [J]. Chinese Wildlife，6：1 – 4.

Ma C，J Liao，P Fan，2017. Food selection in relation to nutritional chemistry of Cao Vit gibbons in Jingxi，China [J]. Primates，58 (1)：63 – 74.

Ma C，Trinh – Dinh H，Nguyen，et al，2020. Transboundary conservation of the last remaining population of the cao vit gibbon (*Nomascus nasutus*) [J]. Oryx，54 (6)：776 – 783.

Ma S L，Wang Y X，1986. The taxonomy and distribution of the gibbons in southern China and its adjacent region with description of three new subspecies [J]. Zool Res，7：393 – 410.

McConkey K R，F Aldy，A Ario，et al，2002. Selection of fruit by gibbons (*Hylobates muellerix agilis*) in the rain forests of Central Borneo [J]. International Journal of Primatology, 23: 123 - 145.

Melfi V A, 2012. Gibbons: probably the most endangered primates in the world [J]. International Zoo Yearbook, 46 (1): 239 - 240.

Melfi V, 2012. Gibbons: probably the most endangered primates in the world [J]. International Zoo Yearbook, 46: 239 - 240.

Milton K, 2000. Back to basics: why foods of wild primates have relevance for modern human health [J]. Nutrition, 16 (7 - 8): 480 - 483.

Mittermeier, Russell A, Anthony B, et al, 2013. Handbook of the mammals of the world (Volume 3) [M]. Barcelona: Lynx Edicions.

Mootnick A R, 2006. Gibbon (*Hylobatidae*) species identification recommended for rescue or breeding centers [J]. Primate Conservation, 21: 103 - 138.

Mootnick A R, Fan P F, 2011. A comparative study of crested gibbon (*Nomascus*) [J]. American Journal of Primatology, 73: 135 - 154.

Oktaviani R, S Kim, A Cahyana, et al, 2018. Nutrient composition of the diets of Javan gibbons (*Hylobates moloch*) [C]. Conference Series: Earth and Environmental Science.

P F Fan, H l Fei, C Y Ma, 2012. Behavioral Responses of C ao V it Gibbon (*Nomascus Nasutus*) to Variations in Food Abundance and Temperature in Bangliang, Jingxi, China [J]. American Journal of Primatology, 74 (7): 632 - 641.

P F Fan, Q Ni, G Sun, et al, 2009. Gibbons under seasonal stress: the diet of the black crested gibbon (*Nomascus concolor*) on Mt. Wuliang, Central Yunnan, China [J]. Primates, 50 (1): 37 - 44.

Palombit R A, 1997. Inter - and intraspecific variation in the diets of sympatric siamang (*Hylobates syndactylus*) and lar gibbons (*Hylobates lar*) [J]. Folia Primatologica, 68 (6): 321 - 337.

Pocock R I, 1927. The gibbons of the genus Hylobates [M]. London: Proceeding of Zoological Society.

Raemaeken J, 1979. Ecology of sympatric gibbons [J]. Folia Primatologica, 31 (3): 227 - 245.

Raemaekers J, 1978. Changes through the day in the food choice of wild gibbons [J]. Folia Primatologica, 30 (3): 194 - 205.

Rebecca W R, 2016. Husbandry manual for siamang [M]. Berlin: Haworth Press.

Roos C, Geissmann T, 2001. Molecular phylogeny of the major hylobateid divisions [J]. Molecular and Phylogenetic Evolution, 19: 486 - 494.

Ruppell J C, 2013. Ecology of White - Cheeked Crested Gibbons in Laos [J]. Dissertations and Theses: 1007 - 1011.

Schwitzer C, S Polowinsky, C Solman, 2009. Fruits as foods - common misconceptions about frugivory, Zoo animal nutrition IV [M]. Fürth: Filander Verlag.

Siegal Willott J L, Jensen, et al, 2015. Evaluation of captive gibbons (*Hylobates* spp., *Nomascus* spp., *Symphalangus* spp.) in North American Zoological Institutions for gibbon ape leukemia virus (GaLV) [J]. J Zoo Wildl Med, 46: 27 - 33.

Sojka P A, Ploog C L, et al, 2020. Acute human orthopneumovirus infection in a captive white – handed gibbon [J]. J Vet Diagn Invest, 32, 450 – 453.

Srikosamatara S, 1984. Ecology of pileated gibbons in southeast Thailand [J]. The lesser apes: Evolutionary and Behavioural Biology, 6: 242 – 257.

Susan L D, 2009. The Gibbons: new perspectives on small ape socioecology and population biology [M]. New York: Springer.

Suwanvecho U, W Y Brockelman, A Nathalang, et al, 2018. High interannual variation in the diet of a tropical forest frugivore (*Hylobates lar*) [J]. Biotropica, 50 (2): 346 – 356.

Tan B J, 1985. The status of primates in China [J]. Primate Conserv, 5: 63 – 81.

Taylor G, 2017. Animal models of respiratory syncytial virus infection [J]. Vaccine, 35: 469 – 480.

Terborgh J, 1986. Keystone plant resource in the tropical forest [J]. Conservation biology, Sinauer, Sunderland: 330 – 344.

Thinh V N, Mootnick A R, Thanh V N, et al, 2010. A new species of crested gibbon, from the central Annamite mountain range [J]. Vietnamese Journal of Primatology, 4: 1 – 12.

Thinh V N, Nadler T, Roos C, et al, 2010. Taxon – specific vocal characteristics of crested gibbons (*Nomascus* sp.) [C]. Conservation of primates in Indochina. Hanoi, Frankfurt Zoological Society and Conservation International: 121 – 132.

Thinh V N, Rawson B, Hallam C, et al, 2010. Phylogeny and distribution of crested gibbons (*Genus Nomascus*) based on mitochondrial cytochrome b gene sequence data [J]. American Journal of Primatology, 72: 1047 – 1054.

Twichell – Heyne A, Pontzer H, 2016. Geographic Variations in Gibbon Diets [C]. Conference Paper: American Association of Physical Anthropologists. At: Atlanta, Georgia.

Warren Y B, Anuttara N, David B G, 2014. Evolution of small – group territoriality in gibbons [J]. Primates cetaceans: Field research conservation of complex mammalian societies: 213 – 230.

Wu W, Wang X M, Francoise C, et al, 2004. The current status of the Hainan black – crested gibbon *Nomacus* sp. cf. *nasutus* hainanus in Bawangling National Nature Reserve, Hainan, China [J]. Oryx, 38: 452 – 456.

Yang D H, Zhang J Y, Li C, 1985. A survey on the population and distribution of gibbons in Yunnan province [J]. Med Biol Res, 3: 22 – 27.

Zhang R Z, Quan G Q, Zhao T G, et al, 1992. Distribution of primates (except *Macaca*) in China [J]. Acta Theriol Sin, 12: 81 – 95.

Zhou J, Wei F W, Li M, et al, 2005. Hainan black crested gibbon is headed for extinction [J]. Int J Primatol, 26: 453 – 465.

彩图 1　成年雄性西白眉长臂猿

彩图 2　成年东白眉长臂猿（谭明志供图）

彩图 3　成年雄性天行长臂猿（费汉揽 / 西华师范大学供图）

彩图 4　成年雄性敏长臂猿

彩图 5　成年雄性白掌长臂猿（南京市红山森林动物园供图）

彩图 6　雄性银长臂猿（打越万喜子 / 京都大学供图）

彩图 7　成年雄性戴帽长臂猿

彩图 8　成年雌性北白颊长臂猿，头顶具有黑色冠斑，白毛环绕眼部和口鼻部形成白色脸圈，白毛在嘴角和鼻子两侧明显增多（范朋飞 / 中山大学供图）

彩图 9　雄性南白颊长臂猿（长沙生态动物园供图）

彩图 10　成年南黄颊长臂猿（白亚妹／南宁市动物园供图）

彩图 11　雄性西黑冠长臂猿（赵超／云山保护供图）

彩图 12　东黑冠长臂猿（赵超／云山保护供图）

彩图 13　雄性海南长臂猿（赵超／云山保护供图）

彩图 14　合趾猿（南京市红山
森林动物园供图）

彩图 15　雌性南白颊长臂猿，头顶具有
明显的黑色冠斑，眼周及眼眶
之间具有大量白毛（P. Moisson
供图）

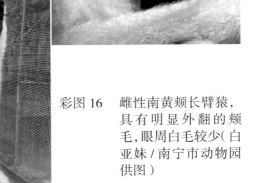

彩图 16　雌性南黄颊长臂猿，
具有明显外翻的颊
毛，眼周白毛较少（白
亚妹 / 南宁市动物园
供图）